KB169991

탄소 문명

탄소 문명

"원소의 왕자", 역사를 움직인다

사토 겐타로

권은희 옮김

까치

TANSO BUNMEIRON "GENSO NO OHJA" GA REKISHI
O UGOKASU 炭素文明論「元素の王者」が歴史を動かす

by SATO Kentaro 佐藤 健太郎

Copyright © 2013 SATO Kentaro

All rights reserved.

Originally published in Japan by SHINCHOSHA Publishing Co., Ltd., Tokyo.

Korean translation rights arranged with SHINCHOSHA Publishing Co., Ltd., Japan through THE SAKAI AGNECY and EntersKorea Co., Ltd..

역자 권은희(權恩喜)
홍익대학교 국어국문학과를 졸업하고, 현재 편집자로 일하고 있다. 옮긴 책으로는 『세계의 불가사의한 건축 이야기 2』가 있다.

탄소 문명 : "원소의 왕자", 역사를 움직인다

저자 / 사토 겐타로

역자 / 권은희

발행처 / 까치글방

발행인 / 박후영

주소 / 서울시 용산구 서빙고로 67, 파크타워 103동 1003호

전화 / 02 · 735 · 8998, 736 · 7768

팩시밀리 / 02 · 723 · 4591

홈페이지 / www.kachibooks.co.kr

전자우편 / kachibooks@gmail.com

등록번호 / 1-528

등록일 / 1977. 8. 5

초판 1쇄 발행일 / 2015. 3. 5
    8쇄 발행일 / 2024. 7. 15

값 / 뒤표지에 쓰여 있음

ISBN 978-89-7291-580-5   03400

이 도서의 국립중앙도서관 출판시도서목록(CIP)은 서지정보유통지원시스템 홈페이지(http://seoji.nl.go.kr)와 국가자료공동목록시스템(http://www.nl.go.kr/kolisnet)에서 이용하실 수 있습니다.
(CIP 제어번호 : CIP2015005328)

차례

서론

원소의 절대 왕자

보이지 않는 영웅

화학은 그렇게 화려하지도 않고 인기도 없는 학문이다. 화학 수업이라면 무미건조한 화합물의 이름과 구조식의 암기의 연속이고, 학문의 내용이라면 눈에 보이지 않을 정도로 작은 원자(原子, atom)가 결합되거나 분리되거나 하는 것뿐이다. 무한한 우주의 수수께끼를 푸는 천문학의 낭만도, 생명의 신비를 파헤치고 획기적인 의료기술을 차례로 발견해가는 생물학의 화려함도 화학에는 없다. 화학식은 보기도 싫고, 원소기호는 질색이라고 생각하는 사람들이 많은 것도 무리는 아니다.

그러나 그런 화학의 세계에도 영웅들이 있다. 이번에 필자는 이 알려지지 않은 영웅들에게 빛을 비추고 무대 위로 등장시키려고 한다. 이 책의 주역은 노벨상을 탄 과학자나 천재적인 기술자가 아니라, 눈에 보이지 않을 정도로 작은 "원소(元素, element)" 중의 하나이다.

화학 교과서를 떠올려보라. 분명히 책의 첫 페이지에는 "주기율표(週期律表, periodic table)"라는 것이 게재되어 있었을 것이다. 성벽을 연상시키는 형태로, 바둑판과 같은 칸들 속에 알파벳과 작은 숫자들이 상하좌우로 잔뜩 늘어서 있는 표이다. 화학의 진보에 맞추어 주기율표의 칸은 조금씩 그 수가 늘어나서 최신의 주기율표에는 120종에 가까운 원소가 정리되어 있다. 산소, 소듐(나트륨), 철, 금 등과 같은 익숙한 것으로부터 스칸듐, 루비듐, 로렌슘 등 전혀 들어본 적도 없는 이름들까지, 다양한 원소들이 그곳에서 얼굴을 내밀고 있다.

이들 원소에는 위에서부터 순서대로 번호가 붙어 있다. 수소는 1번, 철은 26번, 근래에 후쿠시마(福島) 원전 사고와 관련하여 세간을 떠들썩하게 했던 세슘은 55번이다.

주기율표를 바라보고 있으면, 이들 원소는 모두 단조롭게 자리하고 있을 뿐, 개성은 조금도 느껴지지 않는다. 그러나 100개 이상의 원소들 중에는 우리에게 다른 것들과는 확연히 다른 중요한 것이 하나 존재한다. 만약 화학을 공부한 사람이라면, 분명히 대답이 일치할 것이다.

그 원소는 이 세계에서 가장 단단하게 빛나는 물질이 된다. 모든 정보를 기록할 수 있는 유연한 전달매체가 되기도 하고, 우리의 생활에 없어서는 안 될 에너지원이 되기도 한다. 그 원소는 또한 우리의 혀와 위를 만족시키는 식품, 병을 치료하는 의약품 등의 주요한 구성재료이기도 하다. 부드러운 촉감의 목재에도, 튼튼한 플라스틱에도, 그것은 없어서는 안 되는 구성재료이다. 오히려 애초에 이 원소를 빼고는 모든 생명체의 존재가 불가능했다. 무엇보

범례

6	원자번호
C	기호
탄소	이름

1	2	3	4	5	6	7	8	9	10	11	12	13	14	15	16	17	18
1 H 수소																	2 He 헬륨
3 Li 리튬	4 Be 베릴륨											5 B 붕소	6 C 탄소	7 N 질소	8 O 산소	9 F 플루오린	10 Ne 네온
11 Na 나트륨	12 Mg 마그네슘											13 Al 알루미늄	14 Si 규소	15 P 인	16 S 황	17 Cl 염소	18 Ar 아르곤
19 K 칼륨	20 Ca 칼슘	21 Sc 스칸듐	22 Ti 타이타늄	23 V 바나듐	24 Cr 크로뮴	25 Mn 망가니즈	26 Fe 철	27 Co 코발트	28 Ni 니켈	29 Cu 구리	30 Zn 아연	31 Ga 갈륨	32 Ge 저마늄	33 As 비소	34 Se 셀레늄	35 Br 브로민	36 Kr 크립톤
37 Rb 루비듐	38 Sr 스트론튬	39 Y 이트륨	40 Zr 지르코늄	41 Nb 나이오븀	42 Mo 몰리브데넘	43 Tc 테크네튬	44 Ru 루테늄	45 Rh 로듐	46 Pd 팔라듐	47 Ag 은	48 Cd 카드뮴	49 In 인듐	50 Sn 주석	51 Sb 안티모니	52 Te 텔루륨	53 I 아이오딘	54 Xe 제논
55 Cs 세슘	56 Ba 바륨	57 La 란타넘	72 Hf 하프늄	73 Ta 탄탈럼	74 W 텅스텐	75 Re 레늄	76 Os 오스뮴	77 Ir 이리듐	78 Pt 백금	79 Au 금	80 Hg 수은	81 Tl 탈륨	82 Pb 납	83 Bi 비스무트	84 Po 폴로늄	85 At 아스타틴	86 Rn 라돈
87 Fr 프랑슘	88 Ra 라듐	89 Ac 악티늄	104 Rf 러더포듐	105 Db 두브늄	106 Sg 시보귬	107 Bh 보륨	108 Hs 하슘	109 Mt 마이트너륨	110 Ds 다름슈타튬	111 Rg 뢴트게늄	112 Cn 코페르니슘	113 Uut 우눈트륨	114 Fl 플레로븀	115 Uup 우눈펜튬	116 Lv 리버모륨	117 Uus 우눈셉튬	118 Uuo 우누녹튬

란타넘족

58 Ce 세륨	59 Pr 프라세오디뮴	60 Nd 네오디뮴	61 Pm 프로메튬	62 Sm 사마륨	63 Eu 유로퓸	64 Gd 가돌리늄	65 Tb 터븀	66 Dy 디스프로슘	67 Ho 홀뮴	68 Er 어븀	69 Tm 툴륨	70 Yb 이터븀	71 Lu 루테튬

악티늄족

90 Th 토륨	91 Pa 프로트악티늄	92 U 우라늄	93 Np 넵투늄	94 Pu 플루토늄	95 Am 아메리슘	96 Cm 퀴륨	97 Bk 버클륨	98 Cf 캘리포늄	99 Es 아인슈타이늄	100 Fm 페르뮴	101 Md 멘델레븀	102 No 노벨륨	103 Lr 로렌슘

다 30억 년에 걸쳐 이어져온 유전자, 생명의 시스템을 지탱하는 단백질 등도 이 원소로 이루어져 있다. 대지에도 공기 중에도 바다에도 우주의 먼 항성에서조차 이것은 보편적으로 존재한다. 이 원소의 이름이 바로 탄소이다.

왕자의 민낯

탄소(carbon)의 원소기호는 C, 원자번호는 6번이다. 친숙한 것으로는 연필심인 흑연과 목탄(숯) 등이 있으며, 이것들은 탄소 덩어리이다. 탄소(炭素)라는 원소 이름도 목탄(木炭)에서 유래한다. 그러나 검은 탄(炭)을 아무리 응시하고 있어도 탄소가 매우 특별한 지위를 차지하게 된 근거는 눈에 띄지 않는다. 그렇다고 탄소가 매우 많이 존재하는 원소이기 때문도 아니다. 실제로 지구의 지표와 해양―즉 우리의 눈에 들어오는 범위의 세계―의 원소 분포를 조사해보면, 탄소는 중량비로는 0.08퍼센트에 불과하다. 이 비율은 타이타늄과 망가니즈 같은 그다지 친숙하지 않은 원소보다도 적은 양이다.

그러나 탄소의 경우, 원소와 원소는 서로 결합하여 화합물을 만든다. 결합하는 원소의 종류와 결합 방법에 따라서 놀라울 정도로 다채로운 화합물이 만들어지고, 그 각각은 서로 다른 성질을 가진다. 종이는 셀룰로오스(cellulose), 우리가 먹는 고기는 액틴(actin)과 미오신(myosin), 의복은 나일론이나 폴리에스테르이다. 우리의 몸을 감싸고 있는 것들을 자세히 살펴보면, 전부 이 "화합물"의 집합이나 마찬가지이다.

실제로 탄소가 위력을 발휘하는 것은 이 "화합물을 만드는" 단계이다. 지금까지 천연에서 발견된, 혹은 화학자들이 인공적으로 만든 화합물은 7,000만 가지가 넘는다. 그중 탄소를 포함한 것이 거의 80퍼센트에 달한다. 탄소는 100개가 넘는 다른 원소들이 떼를 지어 달려들어도 비교가 되지 않을 정도로 풍부한 화합물 세계를 창조하고 있다.

지상을 가득 메운 생명은 이 풍부한 화합물들에 기초하고 있다. 앞에서 설명했듯이 지표에서 탄소가 차지하는 존재비는 0.08퍼센트에 지나지 않는다. 한편 인체를 구성하는 원소들 중 탄소는 18퍼센트로, 수분을 제외한 체중의 절반은 탄소가 차지하고 있다. 인간뿐만이 아니라, 세균으로부터 공룡에 이르기까지 모든 생물의 기초를 구성하는 것이 바로 탄소이다. 생명은 자연계에 존재하는 얼마 되지 않는 탄소를 긁어모아서 간신히 만들어졌다고 할 수 있다.

탄소보다 훨씬 더 풍부하게 존재하는 산소나 규소, 알루미늄을 소재로 하여 사용한다면, 생명도 이런 고생을 하지 않아도 되었을 것이다. 그러나 유감스럽지만, 이들 원소는 탄소를 대신할 수 없다.

그렇다면 탄소는 왜 이렇게 특별한 지위를 가지게 되었을까? 탄소는 주기율표의 2번째 줄의 한구석에 나와 있을 뿐, 다른 원소와 다른 점은 눈에 띄지 않는다.

실제로 이 평범함이야말로 탄소의 왕자다움이라고 할 수 있다.

탄소는 플러스와 마이너스를 가리지 않는, 불편부당한 존재이며, 이것이 결정적으로 중요한 요인이다.

예를 들면, 주기율표에서 탄소의 옆에 있는 질소 원소는 탄소보다 전자를 하나 더 가지고 있고, 마이너스 쪽에 치우쳐 있다. 이로 인해서 질소끼리 결합하면 서로 반발하는 힘이 작용하여 불안정해지고 만다. 탄소의 왼쪽에 있는 붕소 원소도 마찬가지로 플러스 쪽으로 치우쳐 있어서 서로 반발한다. 그러나 중성인 탄소끼리는 서로 반발하지 않는다. 질소는 몇 개가 결합하는 것이 한계이지만, 탄소는 수백만 개가 결합해도 서로 반발하지 않는다. 이로 인해서 길게 연결하여 안정적이고 다양한 탄소화합물(carbon compounds)을 만드는 것이 가능하다.

또한 탄소는 가장 작은 부류의 원소이다. 그렇기 때문에 탄소로는 짧고 긴밀한 결합을 만들 수 있다. 결합의 팔 4개를 전부 사용하여, 단일결합, 이중결합, 삼중결합 등으로 부르는 다채로운 연결 방법을 채택할 수 있다. 탄소는 작고 평범하지만, 이런 특성 때문에 원소의 절대 왕자의 자리에 오를 수 있었다.

다양해진 세계

생명체가 생산하는 목재와 가죽과 비단 등의 물질은 일반적으로 유기화합물(有機化合物, organic compounds)이라고 부른다. "유기"는 "생명력이 낳았다"는 의미를 가진다. 이전에는 생명이 만들어낸 화합물은 암석, 금속 등(무기화합물[無機化合物, inorganic compounds])과는 전혀 다르며, 플라스크 속에서 인공적으로 합성하는 것은 불가능하다고 생각했다. 그러나 실제로는 유기화합물도 화학적으로 합성할 수 있다는 것이 확인되어 이런 의미에서의 구별은 사라졌다.

현재 "유기화합물"이라는 말은 탄소를 기본으로 한 화합물이라는 의미로 사용되고 있다. 생명이 만든 화합물들의 많은 부분이 탄소를 바탕으로 하여 만들어졌기 때문이다. 이것 하나만으로도 탄소라는 원소의 특별함을 알 수 있다.

그렇다면, 유기화합물과 무기화합물의 차이는 도대체 무엇일까? 언뜻 알 수 있는 것은 전자는 부드럽고 유연하며, 후자는 딱딱하고 변형하기 어려운 것이라는 점이다. 이런 차이는 분자 구조의 차이에서 유래한다.

금속과 암석을 원자 수준에서 보면, 마치 성의 석벽(石壁)처럼 원자들이 같은 구조로 쌓여 있다. 이런 동일한 패턴의 반복을 과학자는 "결정(結晶, crystal)"이라고 부른다(반복연습의 누적으로 얻은 성과를 "노력의 결정"이라고 말하는 것은 상당히 합당한 표현이다). 결정 속에는 원자들이 빈틈없이 꽉 들어차 있기 때문에 원자들은 조금도 움직일 수 없고, 이로 인해서 전체로서의 결정은 단단하고 변형하기 어려운 물질이 된다.

탄소도 극히 드물게 이러한 단단한 결정을 만들 수 있다. 순수한 탄소가 단단하게 결합하여 빽빽하게 속을 가득 채우고 있는 구조를 만들기 때문에 매우 단단한 물질이 되어 빛을 굴절시킴으로써 아름다운 빛을 발하는 탄소 결정이 있다. 바로 다이아몬드이다.

그러나 많은 탄소화합물은 이들 결정성 물질과는 조금도 닮지 않은 성질—부드러움, 유연함 또는 유동성 등—을 가지고 있다. 이것은 수소라는 상대 덕분이다. 수소는 탄소끼리 끝없이 결합되지 않아도 되도록 탄소의 골격을 감싸안는 것처럼 결합한다. 이로 인해서 많은 탄소화합물은 거대한 덩어리가 아니라 일정 크기의 "분자(分子, molecule)"로서 존재한다. 분자의 규모는 원자 몇 개로부터 수십만 개까지 다양하다. 분자들은 독립된 입자(粒子, particle)가 되어 각기 자유롭게 움직이고, 마음대로 변형이 가능하다. 이것이 유기화합물의 부드러움, 유연함의 원인이다. 이런 성질은 생명의 본질과도 직결된다.

원자와 원자의 연결 방법에 따라서 분자의 성질은 다채롭게 변화한다. 예를 들면, 천연 가스의 주성분인 메탄(methane), 석유의 성분인 헥산(hexane), 당근의 색소인 카로틴(carotene), 플라스틱의 일종인 폴리에틸렌(polyethylene)은 각기 완전히 다른 성질을 가지고 있지만, 모두 탄소와 수소로 구성되었으며, 원자 수와 연결 방법만이 다를 뿐이다. 탄소가 단단한 골조를 만들고 수소가 칸막이를 제공함으로써 유기화합물에는 놀라울 정도로 풍부한 가능성이 생기는 것이다.

주기율표를 차지하고 있는 원소들 중에서 어떤 두 원소들을 선택하더라도 만들 수 있는 화합물은 기껏해야 몇 종류이다. 예를 들면 질소(N)와 산소(O)의 화합물은 일산화이질소(N_2O), 일산화질소(NO), 이산화질소(NO_2) 등 대여섯 종류만이 알려져 있다. 그러나 탄소와 수소의 결합은 알려진 것만 해도 수백만이고, 가능성

탄소화합물의 한 예, 감귤류의 향기 성분인 리모넨의 구조. 탄소 골격을 둘러싸
듯이 수소가 결합되어 있다. C, H를 전부 표기하면 복잡하기 때문에 보통은 오른
쪽과 같이 수소를 생략하여 탄소 골격을 선으로만 표시한다.

으로 보면 실질적으로 화합물을 무한정 만들 수 있다.

일상생활 속의 탄소

앞에서 설명했듯이, 지구 표면에 존재하는 탄소의 비율은 0.08
퍼센트에 지나지 않는다. 그러나 우리의 일상생활은 탄소화합물
로 둘러싸여 있다고 해도 과언이 아니다. 눈에 보이는 물질들 중
에서 탄소가 들어 있지 않은 것은 금속, 유리, 돌 정도이고, 그
외의 소재나 식료품의 많은 부분이 탄소화합물이다. 필자는 앞에
서 생명은 얼마 되지 않는 탄소를 긁어모아 만들어졌다고 썼지만,
문명사회도 또한 탄소를 빼놓고는 생각할 수 없다.

목재 등 식물의 몸체를 구성하는 것은 셀룰로오스라는 탄소화합물이다. 앞으로 기술할 녹말도 마찬가지로 포도당 분자들이 길게 연결되어 만들어진 것이지만, 그 성질은 놀라울 정도로 셀룰로오스와 다르다. 장구한 문명을 지탱해온 소재인 종이, 그리고 의복으로서 몸에 걸치는 마(麻)나 면(綿) 등은 대개가 순수한 셀룰로오스라고 할 수 있다. 채소 등의 식물 섬유도 셀룰로오스이므로, 우리는 의식주 전반에 걸쳐 이 소재에 의지하여 살아가고 있다고 할 수 있다.

인공의 탄소화합물로서는 플라스틱과 고무 등이 대표 선수일 것이다. 뭉뚱그려 플라스틱이라고 말해도 구조는 천차만별인데, 폴리에틸렌은 단순한 탄화수소(hydrocarbon : 탄소와 수소의 화합물의 총칭)의 연쇄가 길게 이어진 것, 폴리프로필렌은 거기에 하나 간격으로 탄소의 가지가 붙은 구조이다. 이러한 거대 분자는 구조의 미세한 차이에 의해서 놀라울 정도로 다른 성질을 띠게된다. 충격과 열에 강한 것, 투명하고 가벼운 것, 착색이 잘 되는 것 등이 개발되어 그 용도에 맞게 쓰이고 있다.

고무는 탄소의 사슬에 규칙적으로 이중결합이 포함되어 있어서 분자 전체가 호일 형태로 말린 모양을 취한다. 고무를 당기면 끊어지지 않고 길게 늘어나는 것은 용수철처럼 탄소의 사슬이 늘어나기 때문이다. 이와 같이 분자 그 자체는 눈에 보이지 않을 정도로 작지만, 그 구조는 우리의 눈에 보이는 성질에 반영되어 디자인을 어떻게 하느냐에 따라서 다양한 성능을 구현할 수 있다.

의약품은 그런 분자 설계의 궁극이라고 할 수 있다. 많은 의약품들이 질병의 원인인 우리 신체 속의 단백질에 결합하여 그 움직임을 조절함으로써 약효를 나타낸다. 신체 속에 수만 가지나 존재하는 단백질들 중에서 특정 단백질만 선별하여 강력하게 결합하는 것, 위산과 소화효소, 간의 대사효소 등 인체의 방어 메커니즘의 망을 돌파할 수 있는 것 등, 의약이 충족시키지 않으면 안 되는 요건들은 다양한 방면에 걸쳐 있다. 약의 분자를 구성하는 얼마되지 않는 수십 개의 원자들 속에는 그것만의 정보와 기능이 가득들어 있다.

탄소화합물과 역사

그렇다면 인류의 역사가 이들 탄소화합물에 크게 좌우되었던 것은 당연한 일이라고 할 수 있다. 근년의 전쟁이 석유를 둘러싸고 벌어졌던 것은 그 극단적인 예라고 할 수 있다. 새로운 가치가 있는 탄소화합물—신소재, 의약, 무기 등—이 개발될 때마다 사람들의 의식도 경제의 흐름도 크게 변화해왔다. 세계의 역사는 탄소화합물의 장대한 이합집산의 반복이었다고 할 수 있다.

인류가 탄생한 이후 지금으로부터 과거 200여만 년 동안의 대부분은 수렵생활 시대였으며, 그 시기에 인간의 일상생활에는 큰 변화가 없었다. 그러나 1만 년쯤 전에 농경이 시작됨으로써 문명이 발생하고 역사가 움직이기 시작했다. 그리고 그 흐름은 최근 수백 년 사이에 급속하게 가속화되어 우리가 살아가는 지구는 믿을 수 없을 정도의 속도로 계속 변모해왔다. 이것은 인류가 여러 형태로 탄소화합물을 생산하는 기술을 습득함으로써 변화에 크게 기여했기 때문이다.

또한 천연으로부터 얻은 화합물의 구조를 인공적으로 변환하는 기술도 장족의 발전을 해왔다. 이런 과정을 통해서 원래의 화합물의 성질은 확연하게 또 정밀하게 조정되었다. 예를 들면, 설탕의 구조를 일부 변환함으로써 칼로리가 없는 감미료를 만들 수 있었다. 또한 설탕을 아세트산과 결합시키면 쓴맛이 되고, 황산과 결합시키면 위 점막을 보호하는 의약품이 되고, 질산과 결합시키면 폭약이 된다. 천연물을 개조하여 그 성질을 배움으로써 우리는 병을 낫게 하는 화합물, 철보다 강인한 섬유, 형형색색으로 빛나는 화합물 등, 온갖 물질을 만들어왔다.

역사를 움직인 모르핀

화합물을 이용한 역사의 예로서 모르핀의 사례를 살펴보자. 모르핀은 마약으로서도 상당히 유명하지만, 한편으로 진통제로서도 약효가 매우 뛰어나서, 오늘날에도 의료 현장에는 없어서는 안 될 물질이다.

양귀비의 덜 익은 열매에 상처를 내서 얻은 유액에 진통과 최면 등의 효과가 있음이 발견된 것은 대략 5,000년 전의 일이다. 이 유액을 말려서 굳힌 것이 아편이다.

아편은 복용하면 행복감을 가져다주지만, 끊으면 금단증상으로 괴로워진다. 인간을 노예로 만들어 육체와 정신을 좀먹는 아편의 부작용은 예로부터 많은 사람들을 괴롭혀왔다. 상당히 강력한 작용을 가진 이 화합물은 의약으로서, 또한 마약으로서 사람들의 필요에 의해서 세계에 점차 지반을 확장해왔다. 16세기에는 인도로부터 동남 아시아 각지에 이르기까지 거대한 양귀비 밭이 만들어졌고, 일본에서도 에도 시대에는 쓰가루 번(津輕藩)의 비약 "일립금단(一粒金丹)" 등으로 널리 사용되었다.

1803년, 서른 살의 독일인 약제사 프리드리히 제르튀르너가 행한 실험은 과학 역사에 영원히 남을 일이 되었을 것이다. 그는 사람들을 미혹시키는 아편의 수수께끼를 풀기 위해서 그 유효성분의 분리를 시도했다. 잘게 갈아서 으깬 아편을 산(酸)으로 추출하여, 암모니아를 이용하여 알칼리성으로 되돌리면, 고체가 침전된다. 이것을 다시 알코올로 재결정시켜서 정제함으로써 순수한 결정을 얻었다. 그는 그리스 신화의 잠의 신 모르페우스의 이름을 따서, 이 성분을 "모르핀(morphine)"이라고 불렀다. 모르핀은 식물로부터 약효성분을 순수하게 분리한 최초의 예에 해당한다. 모르핀은 병을 고치고, 인체를 변화시키는 힘이 신비한 생명 에너지가 아니라, 단순한 물질 속에 깃들어 있다는 점을 제시함으로써 진정한 역사적 발견이었다.

순수한 모르핀을 얻게 됨으로써 유효성분을 정확하게 계산하여 투약하는 일이 가능해졌으며, 의약으로서의 사용이 대폭 늘어났다. 이로써 "눈대중", "어림짐작"이 아니라, 데이터를 토대로 한 의학의 길이 열렸다고 할 수 있다.

이렇게 순수한 물질을 얻음으로써 화학적으로 그 구조를 변환

모르핀

하여 원하는 성질을 끌어내는 시도도 가능해졌다. 1874년에는 모르핀에 아세틸기라고 불리는 원자단(原子團)을 더해서 체내의 흡수성을 높이는 데에 성공했다. 이렇게 하여 만들어진 화합물은 1896년에 독일의 바이엘 사에서 기침약으로 발매되었다.

그러나 모르핀은 생각지도 않게 판도라의 상자를 연 꼴이 되었다. 이 화합물을 복용하는 대신에 정맥주사로 맞으면, 엄청난 행복감을 느낄 수 있다는 사실을 알게 된 것이다. 그런데 약을 끊은 후에는 지옥 같은 금단증상이 찾아온다. 이 약이 바로 헤로인이다. 이 강력한 마약은 엄격한 규제에도 불구하고 현재도 암암리에 합성되어 유통되고 있으며, 각국에서 사회문제를 일으키고 있다. 화학이 낳은 괴상한 아이의 하나이다.

이렇듯 인간의 정신을 깊이 좀먹는 모르핀이 역사에 남긴 상처는 매우 깊고 컸다. 1840년에 발발한 아편전쟁은 가장 두드러진 예라고 할 수 있을 것이다. 19세기에 일어난 영국의 홍차 붐으로 원산지인 청나라로 많은 은(銀)이 유출되자, 이를 고민하던 영국

헤로인

정부는 대신 아편을 재배하여 청나라에서 판매하여 유출된 은을 되찾아오는 방안을 생각했다. 영국은 완전히 체계적으로 아편을 생산하여 철저한 품질 관리와 생산효율의 향상을 꾀했고, 청나라라는 "시장"의 요청에 맞추어 새로운 흡입 방법까지 고안했다. 그러나 영국 본국에서의 유통은 엄격하게 규제했다. 경제적인 면에서나 정치적인 면에서나 이러한 행위는 악마적이었다.

이 계획은 예상대로 들어맞아, 청은 정부 고위관리로부터 서민에 이르기까지 아편에 중독되어갔다. 마침내 더 이상 견딜 수 없게 된 청국 정부는 아편의 유입을 금지했지만, 영국은 이런 조치에 항의하여 아편전쟁을 일으켰다. 근대화가 늦었던 청은 잠시도 버티지 못하고 패배하여 200여 년간 이어져온 제국의 골격이 크게 흔들리게 되었다.

이 전쟁으로 서양열강의 동양진출은 가속화되었으며, 도쿠가와 막부(德川幕府) 말기에 접어들었던 일본에도 큰 영향을 주었다. 난징 조약(南京條約)으로 영국의 조차지가 된 홍콩이 중국에 반환된 것은 1997년이므로, 아편전쟁은 현대의 우리에게도 직접적으로 영향을 주었다고 할 수 있다.

만약 양귀비라는 식물이 모르핀을 만들지 못했다면, 혹은 모르핀의 구조가 원자 하나만 달라졌어도 이러한 아시아 역사의 흐름은 상당히 달라졌을 것이다. 물론 이것은 모르핀에 국한된 이야기는 아니다. 설탕, 카페인, 니코틴 등 많은 탄소화합물도 마찬가지이다.

화합물 이용의 역사

이 책에서는 몇몇 탄소화합물을 선별하여 그것을 인간이 어떻게 이용해왔는지, 그리고 탄소화합물이 인간사회를 어떻게 움직여왔는지를 다루고자 한다. 말하자면 탄소라는 미시적 관점으로부터 바라본 세계사이다.

탄소화합물이라고 해도 그 성질이나 기능은 천차만별이고, 그 이용 방법도 다양하다. 그러나 대략적으로 살펴보면, 다음과 같은 단계를 거쳐 발전한다고 할 수 있다.

1) 자연계에 존재하는 유용한 화합물을 발견하여 채취한다
2) 농경, 발효 등의 수단으로 유용한 화합물을 인위적으로 생산한다
3) 유용한 화합물을 순수하게 추출한다
4) 유용한 화합물을 화학적으로 개조하여 양산한다
   그리고 현재는 여기에 더해서 다음의 단계가 있다.

5) 천연에서 얻은 유용화합물을 모방하여, 이것을 넘어서는 성질을 가진 화합물을 설계하여 생산한다

앞에서 살펴본 모르핀을 예로 들자면, 그 화학 구조를 일부 인공적으로 변환시킴으로써 문제가 되는 의존성을 없애고, 진통작용은 남긴 화합물을 생산하는 것을 그 예로 꼽을 수 있을 것이다. 화합물을 자유자재로 추출하고, 구조를 변환시키고, 성질을 조사하는 "화학"이라는 학문이 발전함으로써, 화합물 이용의 수준은 비약적으로 향상되었다.

화합물이 역사와 관계를 맺는 방식에도 여러 가지가 있다. 우선 인간의 생명을 지탱하는 물질군을 제1부에서 다루기로 한다. 칼로리를 제공하고, 미각을 풍성하게 하며, 식물의 안정성을 확보하는 것이 그런 것인데, 그 대표적인 것으로는 각종 향신료, 글루탐산(glutamic acid)을 들 수 있다.

또한 어떤 종의 화합물은 인간의 감정을 고조시키고, 감동시킴으로써 훌륭한 문화의 구축을 지탱해왔다. 제2부에는 이런 형태로 역사에 관여한 물질군을 꼽았다. 카페인, 요산, 니코틴, 에탄올이라는 생체와 관계가 깊고, 영향이 크다고 생각되는 네 가지 물질을 선별했다.

인간이 살아가고, 심장이 움직이는 것만으로는 역사의 톱니바퀴는 돌아가지 않는다. 제3부에서는 사회를 움직이는 원동력이 된 에너지를 낳는 화합물을 골랐다. 폭약으로 알려진 니트로 화합물, 그리고 그것과 깊은 연관이 있는 암모니아, 또 현대 최대의 에너지원이 되고 있는 석유를 제3부의 주역으로 선택했다. 그중에서 암

모니아는 탄소를 포함하지 않는 무기화합물이지만, 생체 내에서 탄소와 결합하여 중요한 역할을 하기 때문에 선택되었다.

탄소화합물과 인류의 관계는 앞으로도 계속해서 점점 확대될 것이다. 지금까지 무기화합물로 실현되었던 것들이 차례로 탄소 소재로 대체되는 움직임이 일어나고 있는데, 이 경향은 앞으로도 계속될 것이다. "21세기는 탄소의 세기"라고 말할 수 있다.

그러나 몇 번이나 말했던 것처럼 탄소는 지구상에 얼마 되지 않는 자원이다. 그 쟁탈전은 이미 시작되었다. 탄소를 얼마나 확보하여 어떻게 유효하게 활용할 것인가? 그 수단을 손에 넣지 않고는 우리 인류는 22세기의 새벽을 볼 수 없을 것이다. 어떤 길이 있을 것인가? 독자 모두가 함께 이 길을 찾아보는 것이 이 책의 최종적인 목적이다.

컬럼 : 조연들

수소라는 상대가 있었기 때문에, 탄소화합물의 세계는 훨씬 더 풍성해질 수 있었다. 그리고 산소와 질소라는 조연도 있다. 이것들은 말하자면 화합물에 "개성"을 부여한다. 탄소와 수소는 다수의 화합물들—탄화수소—을 만들지만, 이 화합물들은 기본적으로 기름과 같은 성질이 된다. 그러나 화합물에 산소와 질소가 들어가면, 분자 안에서 전하의 분포가 생겨서, 다양한 성질이 나타난다. 예를 들면, 아미노산과 당(糖) 등 산소나 질소를 많이 함유하는 화합물은 물에 녹기 쉽다. 이 화합물은 물의 행성인 지구에서는 매우 중요한 성질이다.

또한 산소-탄소, 질소-탄소의 결합은 탄소끼리의 결합만큼 단단하지 않고, 달라붙었다가 분리되었다가 하기 때문에, 적절한 반응성을 유기화합물에 부여한다.

생명은 화합물이 다시 만들어져서, 교체되는 과정을 반복하는 복잡한 시스템이다. 탄소와 수소만으로는 반응성이 부족해서, 이러한 활동적인 화합물의 세계는 태어나지 못했을 것이다. 산소와 질소가 더해짐으로써 유기화합물의 세계는 역동성을 얻게 되어, 활발하게 활동하기 시작했다.

생체에 중요한 물질인 단백질은 아미노산이라는 단위가 탄소-질소 결합을 통해서 길게 이어져 만들어진다. 마찬가지로 설탕이나 녹말 등은 당이 탄소-질소 결합을 통해서 연결된 것이다. 탄소-탄소 결합을 기본으로 단단한 부분을 만들어, 이것이 유연한 탄소-질소, 탄소-탄소 결합과 이어짐으로써, 재편성과 재구축이 자유자재로 가능한 시스템이 완성될 수 있었다. 이런저런 결합의 특징을 잘 활용하여, 유연한 구조가 완성된 사실에 새삼 감탄을 금할 수 없다.

인체를 구성하는 원소를 조사해보면, 거의 99퍼센트가 탄소, 수소, 산소, 질소의 네 가지 원소로 되어 있다. 다른 원소도 때로 중요한 역할을 하지만, 양적인 면에서 보면 첨가물 정도이다. 탄소라는 슈퍼스타와 세 명품 조연이 함께하기 때문에, 생명이라는 최대의 기적이 이 행성에 출현할 수 있었다.

제1부

인류의 생명을 지탱해준 물질들

1

문명사회를 만든 물질—녹말

"인류"를 창조한 물질

탄소화합물(carbon compounds)과 역사의 관계를 살펴보는 이 책에서 맨 먼저 다루어야 하는 것은 바로 녹말(綠末, 또는 전분[澱粉]이라고도 한다. starch)일 것이다. 생명과 가장 깊은 관계가 있는 물질이며, 이 물질이 있었기 때문에 문명이 태어나고, 역사가 움직이기 시작했다고 할 수 있다.

말할 필요도 없이 녹말은 곡류와 식물의 주요 영양성분이다. 현재 우리는 쌀, 밀, 옥수수의 3대 작물로부터 인체에 필요한 총 칼로리의 약 절반을 얻고 있다. 우리가 먹는 육류인 소, 돼지, 가금류에도 곡물은 빠질 수 없으므로, 우리가 몸을 움직이는 데에 쓰는 에너지 대부분을 녹말로부터 얻는다고 할 수 있다.

녹말은 포도당(글루코스[glucose]) 분자가 길게 이어져 나선형으로 되어 있는 물질이다. 포도당 분자는 탄소와 산소로 만들어진 육각형으로 하이드록시기(Hydroxy基, OH)가 몇 개 결합한 구조

포도당(글루코스)

녹말, 글루코스 분자가 길게 이어져, 전체적으로 나선형이 된다.

를 가지고 있다. 이것은 생명의 에너지원으로서 최적의 구조라고 할 수 있다. 우리의 몸을 움직이는 것은 탄소화합물이 산화되면서 이산화탄소와 물로 변할 때의 화학 에너지이다. 포도당은 칼로리가 지방에는 미치지 못하지만, 가지고 있는 다수의 하이드록시기 덕분에 반응을 일으키기 쉽다. 이로 인해서 필요한 때에 바로 사용할 수 있는 훌륭한 에너지원이 된다.

그러나 포도당의 하이드록시기는 물 분자에 쉽게 끌리기 때문에 물에 녹아서 흘러나가기가 쉽다. 에너지원으로서 쉽게 산화되는 것은 좋지만, 저장에는 그다지 적당하지 않다. 따라서 식물은 포도당을 많이 연결하여, 다발로 보존하는 수단을 고안했다. 이것이 녹말의 정체(正體)이다. 식물은 광합성을 통해서 녹말을 만들고,

다음 해에 싹을 틔울 때를 대비하여 씨앗과 구근 등에 저장한다. 이 녹말을 동물이 약삭빠르게 먹어서 에너지원으로 삼는 것이다.

인류도 탄생 시초부터 곡물로 생명을 이어왔다. 하버드 대학교의 연구팀에 의하면, 190만 년 전에 살았던 호모 에렉투스(*Homo erectus*, 直立人)가 처음으로 불을 사용하여 가열 조리를 행한 것 같다. 녹말은 물에 넣어 가열하면, 포도당 사이에 물 분자가 들어가서 팽윤된다(겔화[糊化]). 밥을 한 쌀과 찐 밀은 이 상태이다. 이렇게 되면 녹말의 결합이 느슨해지면서 소화분해가 용이해진다. 흡수가 좋아지므로 섭취 칼로리도 늘어, 식사에 필요한 시간이 대폭 단축되었다.

이와 동시에 인류의 뇌의 용적은 급격히 확대되었다. 불을 사용하여 조리를 하게 되면서부터 충분한 탄수화물을 섭취할 수 있게 됨으로써 뇌의 발달이 촉진된 것 같다. 그 대신, 인류는 겔화되지 않은 녹말을 소화하는 능력을 잃게 되었다. 많은 원숭이들은 도토리 등을 생으로 먹어 소화시키지만, 인간은 배탈이 나고 만다. 인간은 체내에서 행해야 하는 소화의 기능을 불에 "외부 위탁"을 함으로써 칼로리와 시간, 그리고 높은 지능을 가지게 되었다고 볼 수 있다. 녹말의 가열 조리를 생각한 것은 인류에게는 매우 중요한 전환점이 되었다.

농경 개시의 수수께끼

다음의 중요한 단계는 녹말의 인공적인 생산, 즉 농경의 시작이었다. 그러나 실제로 농경의 시작은 수수께끼에 싸여 있다. 인류는 수백만 년의 수렵채집 생활을 했음에도 불구하고, 약 1만 년 전의 비슷한 시기에 세계의 각지에서 서로 약속이라도 한 것처럼 농경을 시작했다.

또 한 가지 불가사의한 점은 농경으로 인해서 인류의 평균적인 생활이 개선된 것은 아니라는 것이다. 수렵생활을 영위하던 시기의 인류는 남성의 평균 신장이 178센티미터 정도였으나, 농경 개시 후에는 160센티미터 남짓으로 작아졌다. 충치나 감염증의 위험이 높아졌기 때문인지, 35.4세였던 남성의 평균 수명은 33.1세로, 여성은 30.0세에서 29.2세로 줄어들었다.

또한 수렵시대에는 하루에 3시간을 일하면 필요한 식량을 확보할 수 있었지만, 농경 시작 후의 노동시간은 더 길어졌다(현재 우리의 노동시간은 8시간, 10시간으로 늘어났으므로, 문명이란 도대체 무엇인지 생각해보게 된다). 이런 사정만 보면, 농경의 시작은 풍부한 식재료를 얻기 위한 획기적인 신기술이 아니라, 어떤 사정에 쫓겨 부득이하게 선택한 길이라고 생각하는 것도 당연할 것이다.

그 사정이란 무엇이었을까? 현재 유력한 설은 약 1만3,000년 전에 일어난, 기온의 급격한 저하가 원인이라는 것이다. 이 한랭기는 천수백 년간 이어져, 많은 동물들을 멸종시킨 것 같다. 당시 모든 인류는 수렵생활로 살아갈 수 있는 인구의 한계에 다다르게 되었다. 게다가 추위가 더욱 심각해지자, 단기간에 식재료를 잃게 되었을 것이다. 곤궁한 와중에 누군가가 식물의 종을 파종하여 재배하는 일을 생각해냈고, 이 생각이 널리 퍼진 것으로 보인다. 농경의 시작은 에덴 동산으로부터 추방당한 인류가 어쩔 수 없이 선택한 고육지책이었을지도 모른다.

사회의 탄생

그러나 인류는 수렵으로부터 농경이라는, 고기로부터 곡물이라는, 큰 변화에도 대응해왔다. 그리고 이 새로운 식생활은 인류 사회에 거대한 변화를 가져왔다.

우선 그때까지 사냥할 것을 찾기 위해서 야산을 돌아다니던 인류가 일정한 장소를 정해서 정주하게 되었다. 물을 끌어오거나 작물을 저장하기 위해서 역할을 분담하여 조직적으로 움직일 필요가 생겼다.

사냥해온 동물의 고기와는 달리 곡류는 계획적으로 생산할 수도 있었고, 장기간 보관할 수도 있었다. 따라서 충분한 식량을 생산할 수 있게 됨으로써 인구가 증가하게 되었다. 또한 여분의 식량을 축적하게 되면서 "부(富)"라는 개념이 생겼다. 그리고 식량을 관리하고, 공평하게 분배하는 역할이나, 식량을 빼앗으려는 사람들로부터 지키는 역할을 할 사람도 나오게 되었을 것이다. 부를 많이 가진 사람이 다른 사람을 종속시킴으로써 계급이 성립되었다. 수원(水源)의 확보를 둘러싼 이웃 집단과의 싸움이 일어나 강한 자가 약한 자를 복종시켰다. 이렇게 해서 정치가 생기고, 군대가 창설되고, 사회가 성립되었다. 부패와 변질이 잘 되지 않는다는 녹말의 성질이, 그 촉진제가 되었다고 할 수 있다.

녹말 확보를 위해서 초기에는 다양한 작물들의 재배가 시도되었으나, 결국 쌀, 밀, 옥수수를 비롯하여 몇몇 종으로 결정되었다. 이들 작물의 유전자가 변이를 일으키기 쉬웠다는 것이 선택의 큰 원인으로 생각되고 있다. 보다 큰 열매가 잔뜩 열리는 것, 조건이 나쁜 장소에서도 키울 수 있는 것 등이 선별되어, 품종 개량이 진행되었다.

이렇게 한랭기를 견뎌낸 인류는 결국 나일 강이나 황허 등 큰 강의 주변에서 4대 문명의 꽃을 피웠다. 이곳에서 인류 역사의 막이 올랐다.

기후 변화와 역사

역사책을 살펴볼 때, 불가사의한 것이 있다. 역사에는 많은 어리석은 군주와 폭군이 등장하지만, 반드시 그들의 시대에 국가가 혼란을 겪거나, 멸망하는 것은 아니라는 것이다. 로마 제국은 폭군인 칼리굴라나 네로 황제 후에, 오현제(五賢帝)에 의해서 전성기를 맞이했다. 반대로 프랑스 혁명에 희생된 루이 16세는 인민을 사랑한 자애로운 군주였고 평범했을지는 모르나 어리석은 군주는 아니었다는 것이 근래의 평가이다. 중국의 삼국시대에는 영웅호걸이 다수 등장하지만, 안정적인 장기 정권은 좀처럼 출현하지 않았다. 지도자의 그릇이 중요하지만, 역사를 움직이는 요인은 결코 그것뿐만은 아닐 것이다.

역사에 중대한 영향을 미쳤지만, 지금까지는 경시되어온 요소가 근년의 학문의 진전에 의해서 서서히 명확해지고 있다. 그것이 바로 기후이다. 수천 년 동안 지구의 기후는 예상 이상으로 역동적으로 변동했다. 기후가 좋지 못해 수확이 충분하지 못하면, 아무리 훌륭한 군주라도 민란이 일어난다. 요컨대 인민이 배불리 먹으면 정치가 다소 이상하더라도 세상은 평화롭고, 먹지 못하면 세상은 혼란스러워진다는 것이다.

특히 중국에서는 그 경향이 강하게 나타난다. 차고, 비가 많이 내린 해에는 곡류가 잘 자라지 못해 굶주린 사람들이 생기고, 그들은 유민(流民)이 되어 남의 마을을 습격한다. 습격을 당한 마을 사람들은 다른 마을을 공격하고, 이런 일들이 반복되면서 유민의 수는 불어난다. 그중에서 수천, 수만의 사람들을 먹이는 일에 성공한 사람이 영웅이 되고, 최종적으로 모든 사람들에게 밥을 준 사람이 패자(覇者)가 된다.

전형적인 사례로는 진시황제 사후에 일어난 한(漢)과 초(楚)의 항쟁을 들 수 있다. 오랜 장마로 인한 농사의 실패로 백성이 피폐해진 가운데, 진승과 오광이 반란을 일으켜 연쇄적으로 이곳저곳에서 반란이 발발했다. 들고일어난 병사들은 이합집산을 반복하면서 한의 유방, 초의 항우라는 두 영웅 아래에 집결했다.

무가의 명문에서 태어난 항우에 비해 서민 출신인 유방은 전쟁에 익숙하지 않았고, 몇 번이나 항우에게 패주했다. 궁지에 몰린 유방은 기책을 세웠다. 진나라의 관영창고였던 광무산(光霧山)을 요새화하여 굳게 버텼다. 항우도 인근 산에 진지를 세웠으나 그곳에는 식량이 없었다. 배가 고프면 싸울 수 없다는 말대로, 전투를 거듭할수록 밥을 먹지 못한 초나라 군사들은 피폐해져갔다. 항우는 결국 화친을 맺고 돌아가려고 했으나, 유방은 그를 배후에서 급습하여 대역전의 승리를 거두었다. 전투력의 강약보다도, 어쨌든 먹을 것을 확보하는 일을 우선한 유방이 승리를 거둔 것은 상당히 상징적이라고 할 수 있다.

인구 증가와 전란에 의한 인구 급감이라는 과정은 중국 왕조교체 시기마다 반복되어왔다. 예를 들면, 전한(前漢) 말기에 호적에는 약 6,000만 명이 등록되어 있었으나, 전란 후에 후한(後漢)이 성립되었을 때에는 그 숫자가 2,000만 명으로 급격히 줄어들었다. 이 숫자는 200년에 걸쳐 원래의 인구인 6,000만 명으로 회복되었다.

그러나 2세기 후반에는 기후가 한랭해지면서 흉작이 이어지자, 북방 민족의 침략이 재차 충격을 가했다. 그때 신도가 되는 유민에게 다섯 말의 쌀을 제공하는 "오두미도(五斗米道)"라는 종교가 발생했는데, 오두미도의 반란이 삼국시대의 개막으로 이어졌다. 모처럼 회복된 인구는 전란에 의해서 다시 1,000만 정도로까지 격감했다.

당시의 농업기술로는 6,000만 명이라는 인구가 중국 대륙에서 부양할 수 있는 한계였을 것이다. 인구의 상한은 생산 가능한 녹말의 양으로 결정되는데, 이것을 초과한 데다가 냉해나 충해(蟲害) 등의 천재지변이 일어나게 되면, 그것이 방아쇠가 되어 전란과 인구 붕괴가 발생하는 것이 하나의 패턴인 듯하다.

2세기 중반은 세계적으로 홍수와 가뭄이 많이 발생하여 흉작이 이어진 시대였다. 이런 경향은 장기적인 전란을 불러일으켰다. 중국에서는 통일 국가가 없었던 삼국시대(220-280)였고, 로마 제국에서도 군인 황제가 난립한 "위기의 3세기"(235-284)였다. 일본에서도 기록에 의하면, 이 시기에 히미코 여왕의 후계자 자리를 둘러싼 장기 내전이 일어났다. 농경에 의한 인구의 증가는 이런 거대한 전란의 씨앗을 키우는 일이기도 했다.

기후 변화와 고대의 종언

4세기 후반부터 6세기는 유럽에서 민족대이동의 시대에 해당한다. 아시아계의 훈족이 진출하자 밀려난 게르만족이 로마의 영내로 침입하여 서로마 제국이 붕괴되었다.

그리고 중국에서도 그 시기는 이민족의 침입에 의해서 작은 나라들이 난립한 5호16국시대(304-439)에 해당한다. 역사상 매우 드물게 나타나는 민족이동이라는 현상이 동서에서 거의 동시에 일어난 것은 우연이 아닐 것이다. 일설에는 중앙 아시아의 건조화가 진행되면서 각 부족들이 식량을 구하기 위해서 동서로 진출한 결과라고도 이야기된다.

그리고 535년부터 그다음 해에 걸쳐 지구 규모의 이변이 일어났다. 그 해, 햇빛이 약해지고 흐려 추운 날이 계속되어 심각한 식량 부족이 발생했다는 사실이 세계 여러 곳의 문헌에 남아 있다. 『일본서기(日本書紀)』에도 센카 천황이 기근에 대비할 식량을 모으기 위해서 조서를 내렸다는 기록이 있다.

이런 급격한 한랭화 현상은 세계 각지의 나무의 나이테 등에 남아 있는 흔적으로도 뒷받침된다. 거대한 분화(噴火)에 의해서 분출된 화산재가 태양빛을 가려서 일어난 현상으로 보이며, 인도네시아의 크라카타우 섬의 화산이 그 원인으로 지목되고 있다.

이런 대규모의 한랭화는 십수 년간 이어져, 역사에도 큰 흔적을 남겼다. 동로마 황제 유스티니아누스는 지중해 제국의 부활을 목적으로 정복사업을 벌이려고 했으나, 빈발하는 기근과 페스트의 유행으로 인해서 단념해야 했다. 일찍이 세계의 중심이었던 이탈리아는 황폐해졌고, 동로마 제국도 쇠퇴일로를 걷고 있었다. 대제(大帝)라고 불린 유스티니아누스도 기후 변화와 기근에는 어쩔 수 없었던 것이다. 이 한랭화는 역사를 변화시키는 계기가 되었고, 이로 인해서 고대가 종언했다고 할 수 있다.

일본으로의 불교 전래(538년)는 이 한랭화와 같은 시기에 해당한다. 태양이 흐려지고, 식량이 부족하여 많은 사람들이 목숨을 잃는 일은 새로운 종교를 받아들이는 토대가 되었다고 보는 관점도 있다. 뿐만 아니라 위대한 사상이나 종교는 한랭화의 시기에 발생한 것이 많다. 먹을 것을 구할 수 없고, 죽음과 마주하는 것은 인간을 깊은 사색에 빠지게 하는 것일까? 이런 대규모의 급격한 기후 변화는 언제든지 일어날 수 있는 일이기도 하다.

일본과 쌀

일본어 "이네(いね, 벼)"의 어원은 "생명의 뿌리"라는 설이 있다. 어떻게 시대가 변하든 일본인은 결국 쌀과 떨어질 수 없고, 식량자급률이 40퍼센트를 불과한 와중에도 쌀만은 100퍼센트의 자급률을 확보해오고 있다. "철은 국가이다"라는 비스마르크의 말을 빌리면, 결국 일본은 "쌀은 국가이다"라고 할 수 있을 것이다.

말하자면, 쌀은 궁극의 작물이다. 녹말은 물론 양질의 단백질과 미네랄을 적당하게 함유하고 있으며, 비타민류도 섭취가 가능하다. 비타민 B_1은 쌀겨에서 발견되었기 때문에 쌀의 학명으로부터 따온 오리자닌(oryzanine)이라고 명명되었을 정도이다. 봄에 한 알의 쌀을 파종하면, 가을에는 2,000-3,000알을 수확할 수 있을 정도로 다산이고, 재배 가능한 지역도 넓다. 조건이 좋으면, 수 년 정도의 보관도 가능하다. 그리고 무엇보다 쌀은 맛이 있다. 일본인이 쌀에 집착하는 것은 당연하다고 할 수 있다.

논농사가 일본에서 대규모로 행해진 것은 조몬 시대(繩文時代) 말기부터 야요이 시대(彌生時代 : 기원전 250년경-기원후 250년경) 초기라고 알려져 있으므로, 적어도 2,000년 이상의 역사를 가지고 있는 셈이다. 다량의 물과 따뜻한 기후를 필요로 하는 벼의 재배는 일본의 풍토에 적합했다.

밭과 달리 논은 토지를 수평으로 평평하게 만들어 물을 끌어와서 물이 머물게 해야 한다. 다량의 물이 필요하기 때문에, 시냇물을 끌어오는 등 대규모의 공사가 요구된다. 도네 강(利根川)과 같은 큰 하천의 물길조차도 필요하다면 대담하게 바꾸어야 했다. 현대 일본인이 "풍요로운 자연"이라고 느끼는 전원의 풍경은 이렇게 인공적으로 만들어진 것이다. 일본 열도는 녹말 생산을 위해서 개조된 섬이라고 해도 과언이 아니다.

또한 이러한 공사는 한 사람의 힘만으로 가능한 것이 아니며, 통제된 집단이 아니면 이루어질 수 없다. 게으름을 피우거나 작업을 그만두는 사람이 있으면, 전체가 물거품이 되는 일도 있을 수 있다. 단체로 규율에 따른 행동을 하고, 남모르게 앞질러 행하거나, 너무 눈에 띄는 행위를 싫어하는 일본인의 국민성은 이런 과정에서 만들어진 듯하다.

열대 원산인 벼를 한랭지에서 재배하기 위해서 품종 개량이 진행되었다. 아오모리 현(靑森縣)의 쓰나자와(砂澤) 유적은 2,300년 전의 것으로 보이므로, 고도의 벼농사 기술이 놀라울 정도의 속도로 일본 혼슈의 끝까지 널리 시행되었음을 알 수 있다.

품종 개량은 맛에도 영향을 미쳤다. 녹말에는 포도당 분자가 긴 나선형으로 이어진 아밀로스(amylose)와 중간에 갈라진 가지가 있는 아밀로펙틴(amylopectin)이 있다. 후자가 많으면 녹말의 사슬들이 뒤얽혀서, 찰기가 좋아져 쌀의 맛에 중요한 영향을 미친다. 아밀로펙틴이 100퍼센트가 되면 매우 탄력성이 강해지는데, 이것이 이른바 찹쌀이다. 고시히카리(越光)와 같은 품종은 아밀로스를 16퍼센트 정도 함유하고 있으며, 이 정도가 맛있는 쌀의 황금비율인 듯하다.

이런 훌륭한 주식(主食) 덕분에 일본의 인구는 크게 증가했다.

조몬 시대가 끝날 무렵, 일본의 인구는 16만 명 정도였던 것 같고, 3세기가 될 무렵에는 250만, 9세기 초기에는 600-700만 명 정도였던 것 같다. 당시 이미 일본은 큰 유럽 국가들을 상회하는 세계 유수의 인구 대국이었다. 이런 측면에서도 일본은 확실히 "쌀이 만든 나라"라고 할 수 있다. 현재도 동아시아나 동남 아시아의 인구밀도가 높은 것은 쌀이라는 우수한 작물이 있었기 때문이다.

이런 연유로 일본 정부는 "쌀을 관리하는" 일에서부터 시작한다고 말해도 좋을 것이다. 일본사에는 "조용조(租庸調)", "구분전(口分田)", "반전수수법(班田收授法)", "간전영년사재법(墾田永年私財法)", "장원(莊園)" 등 쌀과 논에 관한 것이 많다는 사실을 알 수 있을 것이다.

원래는 호족들의 소유물이었던 논은 다이카 개신(大化改新 : 7세기 중반의 정치 개혁/역주)에 의해서 천황의 것이 되었다가, 얼마 후 장원제(莊園制)에 의해서 귀족의 손에 들어갔다. 그 관리를 맡은 하급 무사나 마름이 실력을 행사하여 그들로부터 논을 빼앗았고, 얼마 지나지 않아 전국시대(戰國時代, 1467-1568)에는 다이묘(大名)들이 토지를 확보하기 위해서 다투었다. 일본에서는 논을 확보하는 것이 곧 권력을 장악하는 것이었다.

전국시대에는 얼마나 많은 쌀을 확보하는가가 승패를 갈랐다. 일본의 경우, "석(石)"이라는 단위는 어른이 1년간 먹는 쌀의 양으로, "1만 석의 다이묘"라는 것은 곧 1만 명을 먹여 살릴 수 있는 세력을 의미한다. 에도 시대(江戶時代)에는 다이묘의 군역(軍役)으로부터 농민의 연공(年貢)에 이르기까지 "석(石)"을 기준으로 정했다. 이와 같이 수확물을 기본으로 하는 경제 시스템을 구축한 나라는 세계에서도 유례를 찾아볼 수 없다.

물론 일본만이 이런 "민족의 혼"이라고 할 수 있는 식품을 가진 것은 아니다. 한랭하고 건조한 유럽에서는 밀이 주식의 자리를 차지했다. 그리스도교에서는 빵이 예수의 살을 의미하는 것이라고 하고, 이탈리아에서는 각 도시마다 고유한 파스타가 존재하여 다채로운 식문화를 형성하고 있다. 녹말은 단순히 목숨을 이어가기 위한 물질을 넘어, 각 민족의 정체성, 마음의 지주가 되었다.

세계를 구한 작물

14세기 중반부터 19세기 중반의 500년간은 소빙하기라고 일컬어지는 추운 시대였다. 이것은 에도 시대의 여러 번의 기근, 서구에서 벌어진 수 차례의 전쟁과 프랑스 혁명의 요인이 되기도 했다. 이 혹독한 시기를 지탱해준 작물이 바로 감자이다. 원래는 안데스 산맥의 티티카카 호수 부근에서 자라는 작물이었는데, 스페인인이 유럽으로 가지고 왔다. 4,000미터 가까운 고지대가 원산지였기 때문에 감자는 한랭한 기후에서도 잘 자라고, 재배면적당 칼로리는 밀의 4배에 달한다. 비타민을 풍부하게 함유하며 각종 영양가도 높다. 여름이 없던 시대를 견뎌내기 위해서 감자는 확실히 안성맞춤인 작물이었다.

그렇다고 하더라도 신대륙으로부터 들어온 미지의 먹거리가 처음부터 저항 없이 받아들여진 것은 아니다. 부국강병책을 채택한

프로이센의 프리드리히 2세는 국력 향상을 위한 최적의 작물로서 감자 재배를 적극 권장하고, 솔선해서 매일 감자를 먹는 등 감자를 알리기 위해서 노력했다. 그러나 서민들 사이에서는 "감자를 먹으면 병에 걸린다"는 미신이 뿌리 깊이 박혀 있어서 좀처럼 보급되지 않았다. 1756년 프리드리히 대왕은 화가 치밀어 속을 태우다가 결국 "감자령"을 발령했다. 빈 토지가 있으면 어쨌든 감자를 심어야 했고 수확할 때까지 파수꾼의 감시를 받았다. 심은 감자를 파내려고 하는 농부가 있으면, 병사들이 와서 강제적으로 다시 심게 했을 정도로 철저하게 시행되었다.

대왕의 고심은 무의미하지 않았고, 그의 46년간의 치세에 프로이센은 영토를 배 가까이 확장했고, 224만 명이던 인구가 543만 명으로 증가했다. 현재는 "감자는 독일의 정신"이라고 간주되어 나이프로 감자를 자르는 행위는 무례한 행동이 될 정도이다. 세계의 대국 독일의 형성에 감자가 큰 공헌을 했다.

장기간 지속된 한랭기를 감자로 넘길 수 있었던 것은 독일만이 아니었다. 안데스에서 온 이 볼품없는 작물이 없었다면, 유럽 국가들은 붕괴되었을지도 모른다. 이것이 결코 허풍이 아니라고 생각되는 것은 아일랜드의 비극이라는 실례가 있기 때문이다.

감자 기근

아일랜드의 역사는 고난의 역사에 다름 아니다. 바위투성이의 지형과 한랭한 기후로 인해서 밀 등의 곡식이 잘 재배되지 않았기 때문에 이웃 나라 영국의 가혹한 압정에 시달려야 했다. 그러나 16세기 말에 감자가 도입되어 감자 재배에 성공하며 인구가 크게 증가했다. 1760년에 150만 명에 불과했던 인구는 1841년에는 800만 명까지 증가했다.

그러나 1845년, 이 섬에 엄청난 비극이 발생했다. 믿고 의지하던 감자에 전염병이 발생한 것이다. 병은 급속히 확산되어 순식간에 감자 밭은 썩어들어갔다. 게다가 소빙하기 최후의 대한파가 겹치면서 몇 년에 걸쳐 대기근이 발생했다. "유럽에서는 1348년의 페스트 유행 이후" 최고의 참사라고 이야기되는 사태로 인해서 아일랜드에서는 200만 명 이상이 사망하고, 100만 명 이상이 해외로 탈출한 것으로 알려져 있다(수치에는 각기 다른 설이 있다).

아메리카의 아일랜드계 이민의 많은 부분은 이 시기에 탈출한 사람들이다. 이민자들은 역경 속에서도 서서히 세력을 구축하여 최근에는 케네디, 레이건, 클린턴 등의 대통령을 배출하게 되었다. 현재의 오바마 대통령, 바이든 부통령도 아일랜드 혈통을 이어받았다는 점을 생각해보면, 대기근이 역사에 미친 영향이 지대한 것을 알 수 있다.

아일랜드에서는 다른 작물이 자라지 않았다는 사정이 있었다고 하더라도, 모노컬처(monoculture, 단일작물재배)가 실패하면, 결과는 비참하다. 식량, 에너지 등 생존에 불가결한 것에 대해서는 이중삼중의 수단을 갖추고 있어야 한다. 당연한 일이지만, 이런 정책이 정확하게 시행되고 있는지, 우리 주위를 살펴보면 좀처럼 마음을 놓을 수 없을 것이다.

녹말의 미래

아일랜드 기근이 끝난 1850년 이후 지구는 온난화 경향이 나타나면서부터 극단적인 흉작의 발생 빈도는 낮아졌다. 대기 중의 이산화탄소 농도와 세계 평균 기온의 상승이 큰 문제가 되고 있지만, 이것은 식물의 성장에는 기본적으로 플러스로 작용한다.

그렇다면 앞으로는 식량 부족이 생기지 않을까? 유감스럽지만, 전망은 그다지 밝지 않다. 급격한 세계 인구의 증가, 개발도상국의 생활수준 향상이 더해져서 지금은 물 부족이 식량 생산의 발목을 잡을 것으로 전망된다. 일본은 물은 충분히 있는 나라이기 때문에 실감할 수 없겠지만, 실태는 상당히 심각하다.

어떤 작물을 재배하든지 많은 양의 물이 필요하다. 찻잔 하나 분량의 쌀을 재배하기 위해서는 300-400킬로그램의 물이 필요하다고 한다. 100그램의 소고기 스테이크를 만들기 위해서는 2.5킬로그램의 곡물과 2톤의 물을 소비해야 한다. 고기를 먹는 것은 수자원의 관점에서 보면, 무서울 정도로 사치스런 행위이다.

지구는 "물의 행성"이라고 할 수 있다. 그러나 그 97퍼센트는 바닷물로 이루어져 있으며, 2퍼센트 이상은 남극이나 그린란드의 빙하에 존재한다. 경작에 이용 가능한 담수는 0.7퍼센트 이하에 지나지 않는다.

중국에서는 공업화의 진전에 따라서 도시에서의 대규모 취수(取水)가 진행되어 경작이 불가능한 지역이 생기고 있다. 문명이 발생한 이후에 곡창지대로서 대륙의 먹거리를 제공해온 황허(黃

河)는 1970년대 이후 때때로 물의 흐름이 끊기게 되었다. 그 거대한 강이 하류까지 물이 흐르지 않고 도중에 끊기게 되었기 때문에 사태는 믿을 수 없을 정도로 나날이 악화되고 있다.

해수의 담수화 플랜트가 작동되고는 있으나, 현재 세계에서 생산되는 담수의 양은 하루에 6,700만 톤에 지나지 않는다(국제담수화협회[International Desalination Association], 2011년). 전 세계에서 하루에 사용되는 담수의 양이 300억 톤이라는 점을 고려하면, 미미한 수준이다. 그렇다고 하더라도 담수화 기술이 인류 존속을 위해서 중요한 기술이라는 점은 분명하다.

물론 문제는 물 부족뿐만이 아니다. 각종 비료 조달, 기후 변화, 바이오 연료의 생산 확대 등, 식량 생산을 압박하는 요인은 셀 수 없이 많다. 그리고 이런 문제는 중대함에도 불구하고 경제나 의료에 비해서 사람들의 관심을 끌기가 힘들다. 10년 후의 기근보다 내일의 돈 한푼에 눈이 가는 것이 인간이라는 존재의 속성인 듯하다.

식량 확보를 위한 타개책은 무엇일까? 유전자 변형 기술은 중요한 선택지가 되고 있다. 병충해나 한랭한 기후에 강한 작물, 많은 수확을 할 수 있는 식물을 "설계할" 수 있는 가능성이 있다. 그러나 이미 제초제에 내성을 가진 옥수수 등이 등장했다.

그렇다고 하더라도 유전자 변형 기술에는 반대론이 매우 뿌리 깊다. 이것은 단순히 감정적인 반론이 아니다. 예를 들면 인과관계는 분명하지 않은데, 강낭콩 유전자 하나를 완두콩에 이식하자, 예상도 하지 못한 알레르기를 유발했다는 것이 한 가지 예이다.

수확량을 늘리기 위해서 유전자 변형을 하는 경우에는 여러 개의 유전자를 교체할 필요가 있기 때문에 그것이 미치는 영향을 모두 알아낼 수는 없다.

유감스럽지만 현재의 농업 시스템으로는 예상보다 빠르게 증가한 인류의 먹거리를 감당하지 못하게 될 날이 그렇게 멀지 않을 것이다. 한랭기를 맞아 부득이하게 농경을 시작한 1만 년 전처럼 위험이 이렇게저렇게 해서 사라질 수도 있다. 물론 유전자 변형 식품을 받아들인다고 해서, 만사가 해결되는 것은 아니다. 식량 확보는 온갖 요인에 좌우되며, 끝없는 인류의 투쟁이다.

탄생 이후 인류는 녹말에 의존하여 생산을 확대해왔다. 생산한 녹말은 인류를 부양하고, 인구를 결정하는 주요인이 되어왔다. 녹말을 확보하지 않으면, 사람들이 외국으로 대량 이주하거나 다른 작물을 재배하거나, 전쟁을 하거나 혹은 기아가 지속됨으로써 인구가 줄거나 줄어들 수밖에 없다. 그러나 현재 지구에는 경작에 적당한 대규모의 미개발지는 남아 있지 않으며, 이주할 수 있는 외부 세계도 더 이상 존재하지 않는다. 중국과 아일랜드에서 일어난 인구 붕괴가 이번에는 지구 규모에서 반복되는 일이 벌어질까? 이제야말로 역사를 바로보고, 다시 배울 가치가 충분히 있을 것이다.

2

인류가 빠진 "달콤한 함정"—설탕

저항하기 힘든 유혹

"달콤한 생활", "달콤한 함정" 등 "달콤하다"라는 말에는 어딘가 어두운 이면의 쾌락의 이미지가 따른다. "살을 빼고 싶다"고 입버릇처럼 말하면서도 디저트 가게에 줄을 서는 여성들의 사례를 들지 않더라도, 단맛이야말로 인간에게는 최고의 저항하기 힘든 유혹의 맛이다.

단맛을 좋아하는 이유는 생명 시스템 그 자체에서 찾을 수 있다. 설탕으로 대표되는 당류(糖類, saccharides)는 동물의 생명 유지에 가장 중요한 물질이다. 병이 나서 음식을 섭취하지 못할 때에 행하는 링거 주사액은 가장 기본적인 당인 포도당이 주성분이다. 여기에 아미노산과 소량의 비타민을 첨가하기만 하면 인간은 장기간 생명을 유지할 수 있다.

경험해본 사람은 알겠지만, 포도당 주사를 맞고 있으면, 아무것도 먹지 않아도 배가 고프지 않다. 혈중 포도당 농도, 즉 혈당치가

설탕(수크로스)

낮아지면 뇌는 생명 유지에 위험이 임박했다고 판단하여 음식을 섭취하라는 신호를 보낸다. 즉 공복감이라는 것은 혈중 포도당 농도가 낮다는 것과 마찬가지이다. 당류야말로 생명 유지의 기본 물질이라는 것을 이 현상으로 알 수 있다.

미각은 염분과 단백질 등 살아가기 위해서 필요한 물질을 섭취하기 위한 센서이다. 가장 중요한 물질인 당류를 입에 넣었을 때, 강한 쾌감을 느낄 수 있도록 인류가 진화한 것은 당연한 일일 것이다. 인류가 강력하게 찾는 숙명인 설탕은 역사에서도 중요한 역할을 맡아왔다.

설탕이 싫다고 말하는 사람은 거의 없다. 갓난아이부터 노인까지 누구나 설탕의 단맛을 절대적으로 선호하며, 세계의 어느 곳에 가져가도 반드시 팔리는 것이 설탕이다. 이처럼 문화와 기호의 벽을 넘어서 모두가 갈구하는 상품은 매우 드물다.

이런 우수한 단맛의 물질을 효율적으로 생산하는 식물은 몇 종에 불과하다. 가장 유력한 것이 사탕수수인데, 설탕 함유량은 줄기의 중량의 20퍼센트 정도에 달한다. 19세기에 품종 개량에 의해서 사탕무가 등장할 때까지, 사탕수수는 다른 작물을 압도하는 중요한 설탕 생산작물이었다.

사탕수수는 열대 원산으로 현대에 이르기까지 한랭한 지역에서의 재배는 성공하지 못했다. 게다가 재배하는 토지의 지력이 금세 고갈되기 때문에 새로운 토지로 이동해야만 했다. 사탕수수의 재배 및 설탕의 제조는 많은 인력을 필요로 하는 중노동이다. 따라서 인류 역사에서 많은 참극을 불러왔다. 현재 세계가 직면하고 있는 많은 문제들과 설탕은 깊이 연관되어 있다.

사탕수수, 서쪽으로

물질의 측면에서 세계사를 보면, 우선 아시아의 풍족한 물산이 이슬람권에서 널리 알려져 유럽이 십자군에 의해서 그 사실을 알게 되고, 교역으로 조금씩 도입해가는 패턴이 일반적이었다. 설탕 또한 이런 경로를 따랐다. 사탕수수의 원산지는 확실하지 않지만, 기원전 2000년경에 인도에서 설탕이 생산된 것 같다. 설탕을 처음으로 접한 유럽인은 알렉산드로스 대왕의 동방원정 부대였다. 장기간의 원정으로 인해서 피로가 극에 달한 병사들에게 설탕의 단맛은 강렬한 인상을 남겼을 것이다.

그러나 이 시대에는 설탕이 서구에 보급되지 못했다. 로마인이 단맛으로 이용한 것은 주로 벌꿀이었다. 1억 세스테르티우스의 막대한 재산을 미식에 소비한 희대의 식도락가였던 아피키우스가 쓴 요리책의 3분의 1은 벌꿀을 사용한 요리가 차지하고 있다.

오래된 포도주를 냄비에서 바짝 조려서 만드는 "사파(sapa)"라는 감미료도 당시 유행했다. 그러나 사파의 주성분은 냄비의 납이 녹아나와 침전된 질산 납으로, 독성이 상당히 높은 물질이다. 로마인의 평균 수명은 20대 전반에 지나지 않았고, 상류계층에는 불임이 많았는데, 이것은 사파에 의한 납의 독성이 영향을 주었다고 할 수도 있다. 단맛을 찾는 것도 목숨이 달린 일이었던 것이다.

로마 제국의 붕괴 이후에 급속하게 세력권을 확대한 것은 이슬람 교도들이었다. 이슬람교는 무하마드가 포교를 시작한 것은 613년경의 일이었지만, 순식간에 아라비아 반도, 팔레스타인, 메소포타미아, 이집트, 그리고 북아프리카 전역을 점령했다. 1세기가 지난 711년에는 마침내 이베리아 반도에 침입했고, 곧 프랑크 왕국과 비잔틴 제국을 위협하기에 이르렀다. 눈부신 진격의 시간에 그들은 사탕수수 재배도 확대했다. 이 과정에서 설탕의 정제법도 전파되었다. 설탕은 이슬람교와 함께 서쪽으로 확대되었다.

설탕의 제조법은 다음과 같다. 수확한 사탕수수를 잘게 잘라, 돌절구에서 압착한다. 그 즙을 모아 바짝 조려, 목탄을 첨가하여 중화하고 불순물을 침전시켜서 제거한다. 이렇게 만든 액체를 식히면 설탕을 얻을 수 있었다.

보통의 물질에서 이런 과정은 어려운 과정이다. 다행히 설탕은 분자 구조가 견고해서 서로 끌어당기는 힘이 강하기 때문에 순수한 덩어리인 결정을 만들기 쉽다. 조당(粗糖)을 물에 넣어 가열하여 녹인 후에 식혀서, 결정이 더 커지게 하면 백설탕을 얻을 수 있다. 이것은 화학실험으로 말하면 "재결정(recrystallization)"이라고 하는 정제조작이다. 탄소화합물을 순수하게 선별하여 사용한 가장 초기의 예라고 할 수 있다. 인류의 화합물 이용이라는 면에서 보아도 백설탕의 제조는 획기적인 사건이었다.

설탕은 만병통치약

실제로 설탕이 의약품으로서 중요하게 사용되었던 시대가 있었다. 11세기 아랍에서 의학의 최고 권위자였던 대학자 이븐 시나는 "설탕과자야말로 만병통치약이다"라고 단언했다. 당시의 의학서에는 설탕의 효능이 부위별로 상세하게 기록되어 있었고, 이 기록은 서구에서도 오랫동안 받아들여졌다. 이로 인해서 당시의 의사는 페스트로부터 생리불순에 이르기까지 온갖 환자들에게 설탕을 처방했다.

영양 상태가 좋지 않았던 이 시대에는 칼로리가 높은 설탕을 먹는 것 자체로 환자가 건강을 회복하는 사례가 많았을 것이다. 무엇보다 순수한 설탕의 희고 아름다운 빛, 그리고 미혹적인 달콤한 맛은 신비했을 것이며, 플라시보 효과(placebo effect : 위약[僞藥] 투여에 의한 심리적 효과/역주)를 내기 위해서는 설탕 이상의 것은 없었을 것임이 분명하다.

또 한 가지 설탕의 중요한 용도는 장식품이었다. 희고 반짝이고, 맛있고 고가인 설탕은 권력자의 힘을 보여주는 아이템으로서 큰 효과가 있었다. 11세기 이집트의 술탄은 7만 킬로그램의 설탕으로 실물 크기의 나무를 만들어 제단을 장식했다는 기록이 있다. 또한 유럽에서도 귀족의 연회에 성이나 말을 모방한, 손이 많이 가는 설탕 과자가 나왔다고 한다. 설탕은 이른바 엿세공처럼 세밀한 가공도 가능하며, 결정으로 자유롭게 모양을 만들 수 있기 때문에 세공재료로서 최적이었다. 현대에도 영화 촬영 때에 배우들이 유리를 깨는 장면에는 한 장의 판으로 굳힌 설탕이 사용되고 있다.

두 번의 계기

11세기에 들어 일어난 십자군 운동에 의해서 물질의 동서교류가 확대되었다. 그러나 그들이 가져온 새로운 물품들과 기독교의 만남으로 당연히 알력도 생겼다. 본격적으로 유럽에 상륙한 설탕 역시 예외가 아니었다.

문제의 초점은 기독교의 단식일에 설탕을 먹는 것을 허용할 것인가에 맞추어졌다. 이 문제에 결단을 내린 인물은 중세 최고의 신학자 토마스 아퀴나스이다. 숨을 죽이고 그의 대답을 기다리고 있던 사람들에게 그는 "설탕은 소화를 돕는 약이므로, 설탕을 입에 넣는다고 해도 단식을 그만두는 것은 아니다"라고 답했다.

대학자 아퀴나스의 확답을 얻은 덕분에 사람들은 단식일에도 안심하고 설탕을 먹을 수 있게 되었다. 식품이 아니라는 판정이 식품으로서의 보급에 결정적인 역할을 했다는 것은 상당한 아이러니인데, 중세라는 시대 배경을 상징하는 에피소드라고도 할 수 있다.

설탕의 수요는 늘어났지만, 앞에서 설명했듯이 사탕수수는 한랭한 지역에서는 재배되지 않고, 게다가 지력을 금세 고갈시키고 만다. 따라서 콜럼버스에 의한 아메리카 대륙 발견은 엄청난 소식이 되었다. 신대륙은 행운인지 불운인지 사탕수수의 재배에 적합한 환경이었다. 아메리카 대륙 발견으로부터 15년 후에는 본격적인 사탕수수 플랜테이션이 가동되기 시작했다.

"나비 효과(butterfly effect)"라는 말이 있다. 베이징에서의 나비의 날갯짓이 돌고 돌아 결국 뉴욕에서 폭풍을 일으킨다는 논리로서 아주 작은 변화가 예측하기 어려울 정도의 거대한 영향을 미치는 것을 말한다.

설탕의 역사에서도 바로 이런 현상이 일어났다. 드라마틱하게 이야기하면, 한 하인이 주인의 찻잔에 처음으로 한 숟가락의 설탕을 넣은 순간, 세계의 역사는 크게 변화했다.

인류는 먼 옛날부터 있었던 극히 당연한 관습이라고 생각할 정도로 처음 등장했을 때부터 설탕의 영향력은 강렬했다. 동양에서 온 진귀한 음료인 홍차와 신대륙에서 온 설탕의 조합은 금세 인기를 얻었다. 둘 모두는 부유층의 신분을 보여주는 상징물이 되었는데, 달콤한 차를 손님에게 접대하는 것은 주인의 재력과 센스를 보여주는 것이었다. 설탕과 카페인, 당시 이 2개의 쾌락물질의 조합은 진정한 미각의 혁명이었다. 즉시 홍차와 커피에 설탕을 넣는 관습은 중산층에도 퍼져 설탕의 수요는 폭발적으로 증가했다.

16세기 중반이 되자, 아메리카 대륙에는 3만 명 이상이 일하는 제당소 40여 곳이 완성되어, 유럽에 설탕을 보냈다. 이로 인해서 필요한 노동력은 아프리카에서 데려온 흑인 노예들에 의해서 충당되었다. 그 수는 1,000만 혹은 2,000만으로 일컬어진다. 비위생적인 좁은 선창에 갇혀 항해 중에 병에 걸려 사망한 사람은 20퍼센트에 달했다. 도착 후에도 익숙하지 않은 기후와 역병, 그리고 과중한 노동으로 인해서 많은 사람들이 목숨을 잃었다. 프랑스의 작가 베르나댕 드 생 피에르가 『프랑스 섬으로의 여행(*Voyage à l'Île de France*)』에서 썼듯이 "아침 식탁에 올라온 설탕과 커피는 흑인의 눈물에 흠뻑 젖어 있었고, 붉은 피에 물들어" 있었다.

유럽으로부터 무기와 섬유제품이 아프리카에 보내졌고, 그 무기의 힘으로 모은 노예가 아메리카 대륙에 보내져 생산한 설탕이 유럽에 수출된다. 바로 악명 높은 삼각무역이 성립되었던 것이다. 좋든 나쁘든 사람, 물건, 돈이 전 세계로 이동하는 시스템이 역사상 처음으로 출현했다.

카리브 해의 섬들과 남아메리카 대륙의 해안지역은 사탕수수밭 일색으로 변했다. 화전에 의한 개간과 설탕 정제를 위한 연료 확보를 위해서 그 지역의 처녀림은 황폐화되었다. 또한 사탕수수의 단일작물재배가 오랫동안 계속된 결과, 새로운 산업이 확보되지 못해서, 이들 지역의 발전을 저해한 하나의 원인이 되었다. 현대에까지 이어진 인종차별, 환경파괴, 남북문제 등은 설탕에 대한 욕망에서 비롯되었다고도 해도 지나치지 않을 것이다.

한편으로 영국에서는 설탕 상인들이 막대한 부를 축적했다. 영국인의 설탕 애호는 유명하여, 오늘날에도 그들은 칼로리의 20퍼센트 가까이를 설탕에서 섭취한다는 조사도 있다. 영국 국왕 조지 3세는 자신의 마차보다도 설탕 상인의 마차가 훨씬 더 호화로운 것에 놀라, 마침 그 자리에 있던 피트 수상에게 "설탕의 관세는 얼마지요"라고 물었다는 에피소드가 남아 있다. 이렇게 얻은 부의 축적이 산업혁명의 자원이 되어 영국이 세계를 지배하는 원동력이 되었다.

세계 유수의 미술관인 런던의 테이트 갤러리는 19세기에 각설탕의 판매로 부를 일군 헨리 테이트의 소장품을 기초로 하고 있다. 그 압도적인 소장 작품의 양은 설탕이 낳은 부의 막대함을 오늘날에도 전하고 있다.

당뇨병의 시대

설탕의 달콤한 함정은 흑인 노예들을 고통스럽게 했을 뿐만 아니라 그것을 포식한 사람들도 위협했다. 당분의 과도한 섭취로 인해서 생기는 질병, 즉 당뇨병이 그것이다. 설탕의 보급 이전부터 당뇨병은 존재했으며, 이미 기원전 1500년경의 이집트에도 당뇨병인 듯한 기록이 보인다.

이 병에 걸린 것으로 생각되는 역사상의 인물로는 "안사(安史)의 난"의 주모자 안녹산이 있다. 중국 역사에서 가장 융성했던 당 제국에 반기를 들었던 당대의 효웅(梟雄)은 체중 200킬로그램, 처진 배가 지면까지 닿을 정도의 거구였다고 전한다. 일단 당을 전멸 직전까지 몰고간 안녹산은 그러나 건강이 크게 불안했다. 그는 곧 시력을 잃었고 종기가 나서, 그 영향 때문인지 행동이 눈에 띄게 난폭해졌다. 끝내 아들을 폐적(廢嫡)시키려고 했으나, 오히려 자신이 그 아들에게 죽임을 당하면서 55년의 파란만장한 삶을 마감했다. 그의 혈관에 흐르고 있던 몇 그램의 당분이 붕괴 직전인 당 왕조의 운명을 구했는지도 모른다.

일본 최초의 당뇨병 환자라고 말할 수 있는 사람은 헤이안 시대(平安時代, 794-1192)에 섭정 정치의 전성기를 구축한 후지와라 미치나가이다. 그가 "천하가 모두 나의 것이니"라는 유명한 노래를 읊은 것은 51세 때였지만, 이때 이미 그는 당뇨병이 발병했던 것 같다. 비만이었던 그는 급속하게 야위어 물을 몹시 자주 마시고 체력과 시력의 급속한 쇠퇴로 고통을 받았다. 최후에는 등에 난 종기가 치명상이 되어 극심한 죽음의 공포에 시달리면서 세상을 떠났다. 안녹산과 미치나가 두 사람의 증상은 상당히 일치한다. 과식과 비만, 권력투쟁으로 받은 스트레스 등, 두 사람이 당뇨병의 발병 조건을 갖추고 있었다고 할 수 있다.

당뇨병의 무서움은 당뇨병의 합병증에 있다. 혈액에 과잉된 당은 체내의 각종 단백질과 결합하여, 그 기능을 파괴해간다. 안녹산과 미치나가가 시력을 잃은 것은 망막에 병을 일으키는 당뇨병성 망막증이 원인이었던 것 같다. 종기는 면역기능의 저하에 의해서 감염증, 정신적인 불안은 말초신경 이상 등으로 인한 불안발작으로 추정된다.

유럽에서도 설탕 붐에 일어나면서 당뇨병 환자가 증가하기 시작했다. 바흐, 세르반테스, 푸치니, 세잔, 에디슨 등, 쟁쟁한 인물들이 이 병으로 고통을 받았다. 그리고 현대 사회에서는 일찍이 최고 권력자나 걸리는 사치병이었던 당뇨병이 누구든지 걸릴 수 있는 질환이 되었다. 일본 국내의 당뇨병 환자는 예비환자까지 포함하면, 2,300만 정도라고 한다. 50년 전보다 40배 가까이 증가한 수치이다. 현대의 식생활이 어떤 의미에서 매우 위험한 것이 되었다는 증거라고도 할 수 있을 것이다.

당뇨병을 방지하기 위해서는 당분의 섭취를 줄이는 것이 가장 좋지만, 단맛의 강렬한 유혹을 피하는 것은 참으로 어렵다. 인류는 그 역사를 통해서 늘 가벼운 기아 상태에 있었다. 그 때문에 칼로리를 섭취하는 "가속 페달"은 진화했지만, 과식을 막는 "브레이크"는 끝내 발달하지 못했다.

물론 당분이 초래하는 폐해는 이뿐만이 아니다. 칼로리 과잉 섭취는 비만을 부르고, 심장 질환, 뇌혈관 질환을 시작으로 각종 생활 습관병의 요인이 된다. 미국 심장협회가 최근 발표한 바에 의하면, 설탕이 들어간 음료의 과다 섭취로 인해서 세계에서 연간 7만 명 이상이 사망한다고 한다(다행히 일본은 설탕 소비량이 적어, 사망 위험도 낮다). 얄궂게도 선진국에서의 최대 위험은 비만이며, 후진국의 최대 위험은 영양실조라는 것이 현재의 상황이다.

최근에는 설탕도 니코틴 등과 같은 중독성 물질로 인식되어야 하며, 과잉 섭취를 억제하기 위해서 설탕에 무거운 세금을 부과해야 한다고 주장하는 학자도 등장했다. 설탕을 독성 물질로 보는 것은 터무니없는 생각 같지만, 현대의 생활 습관병 환자의 급증을 보면, 이 주장이 완전히 황당무계하다고도 할 수 없을 것이다. 모든 물질은 과잉 섭취하면 분명히 독이 되는데, 설탕은 특히 그렇다.

그렇다면 칼로리가 없는 단맛을 내는 물질은 어떨까? 물질을 자유자재로 조작하고 만드는 근대 화학의 발전은 그 방자한 전망마저도 실현하고 있다.

진화하는 단맛

1879년, 존스 홉킨스 대학교에서 일어난 우연한 발견이 단맛의 역사를 변화시키게 되었다. 콜타르를 연구하던 연구원 콘스탄틴 팔버그가 우연히 자신이 합성한 물질을 입에 넣었는데, 이상하게 달다는 것을 알게 되었다. 당시는 화학물질의 피해가 잘 알려져 있지 않았고, 합성한 것을 맛보는 일에 대해서 저항이 없던 시대였다. 지금은 생각할 수도 없는 일이라고 말하고 싶지만, 그 후에 발견된 합성 감미료의 많은 부분은 이런 우연에 의해서 발견되었다.

팔버그는 이 화합물의 특허를 취득하여 양산방법을 확립하고, 사카린(saccharin, $C_7H_5NO_3S$)이라는 이름으로 발매했다. 설탕의 300배 정도 달고, 체내에 흡수되지 않아 칼로리가 없는 꿈의 감미료의 등장이었다. 그의 연구실의 교수가 자신도 모르게 특허를 취득하여 이익을 취한 것은 부당하다고 팔버그가 격노했을 정도로 그 이익은 막대했다.

사카린의 성공을 필두로, 둘신(dulcin), 치클로(Zyclo) 등의 합성 감미료가 차례로 등장했다. 그러나 둘신은 독성이 강해서 일본에서도 몇 차례 사망 사고가 일어났다. 치클로 또한 발암성이 있다

사카린소듐

아스파탐

는 실험 결과가 나와 이들 모두 1960년대에 사용이 금지되었다. 이 물질들은 식품첨가물에 대한 비난이 거세지는 데에 큰 계기가 되었다. 그후에 치클로에 대해서는 발암성이 없다는 연구 결과도 나왔지만, 그 명예를 완전히 회복하지는 못했다.

그러나 막대한 이익을 낳는 감미료의 추구는 끊임없이 이어지고 있다. 이런 물질들을 대신해서 등장한 것은 미국의 설(Searle) 사가 개발한 아스파탐(aspartame)이다. 설탕의 200배 단맛을 가지고 있으며, 칼로리도 극히 낮다. 그러나 둘신이나 치클로의 사례에서 알 수 있듯이 아스파탐에 대해서도 위험성을 경계하자는 목소리가 다수 존재하며, 이로 인해서 미국식품의약국(FDA)은 불합리할 정도의 다양한 실험을 요구했다.

아스파탐은 아미노산 두 개가 연결된 구조로, 흔한 단백질의 단편에 지나지 않는다. 그러나 아스파탐에 반대하는 단체는 이 아미노산 중의 하나인 페닐알라닌(phenylalanine)을 공격의 대상으로 삼았다. 페닐알라닌 뇨증(尿症)이라는 유전질환을 가진 신생아가 페닐알라닌을 섭취하면, 지능에 장해가 생기는 경우가 발생한다는 것이 이유였다.

그러나 페닐알라닌 뇨증은 8만 명당 1명의 빈도로 발생하며 아이가 태어났을 때 반드시 실시하는 시험에 의해서 쉽게 판정이 가능하다. 또한 페닐알라닌은 모든 단백질에 포함되어 있기 때문에, 아스파탐만을 규제한다고 해서 부작용을 막을 수 있는 것도 아니다. 갓 태어난 신생아가 아스파탐이 들어간 과자나 음료수를 입에 넣을 가능성은 실제로는 거의 없을 것이다. 대개가 반대를 위한 반대라고 이야기해도 어쩔 수 없는 것이었다.

결국 "페닐알라닌 함유"라고 표시해야 한다는 의무 사항을 조건으로 하여 아스파탐은 마침내 사용 허가를 받았다. 발견으로부터 16년이 걸렸던 이번 승인은 문자 그대로 FDA 사상 최대의 공방전이었다.

현재 인공 감미료의 왕자로 군림하는 것은 설탕의 600배의 단맛을 자랑하는 수크랄로스(sucralose)이다. 이 화합물은 설탕 분자의 하이드록시기(OH)의 일부를 염소로 변환한 것으로, 1976년에 처음으로 합성되었다. 수크랄로스를 만든 연구원은 영어가 능숙

수크랄로스

러그던에임

하지 않아, 지도교수가 "그 화합물을 테스트(test)해보게"라고 지시한 것을 "먹어보게(taste)"로 오해하여 맛을 보게 되었는데, 깜짝 놀랄 정도의 단맛을 느꼈다고 한다. 마치 농담 같은 경위로 발견되었던 것이다. 유기염소화합물이기 때문에 일반적으로 생각하면 맛을 보고 싶은 물질은 아니지만, 다행히 수크랄로스는 거의 무해하다.

이들 감미료는 혀의 단맛 수용체를 속여서 결합하여, 뇌가 단맛을 느끼게 한다. 그러나 위장은 감미료를 당으로 인식하지 않아 흡수하지 않으므로 칼로리는 없다. 최근에 인기를 끌고 있는 제로 칼로리 음료수는 거의 대부분이 수크랄로스와 아스파탐, 아세설팜 K(acesulfame K) 등을 이용한 것이다. 이런 합성 감미료는 완전히 사회에 정착되었다고 해도 좋을 것이다.

그러나 감미료 개발경쟁은 여전히 계속되고 있다. 미국에서 개발되어 일본에서도 2007년에 식품첨가물로 승인받은 새로운 감미료 네오탐(neotame)은 설탕의 약 1만 배의 단맛을 가지고 있다. 프랑스에서 개발된 러그던에임(lugduname)은 설탕의 약 22만 배, 즉 단지 5만 분의 1그램이 각설탕 1개에 필적한다는 터무니없는 단맛을 자랑한다. 이렇게 되자, 커피를 적당한 맛으로 조정하는 것만도 하나의 고역이 되는 것 같다(러그던에임은 식품용으로 아직 승인되지 않았다).

깊어가는 단맛의 불가사의

이런 연구를 보고 있으면, 단맛에 관해서는 상당히 해명이 진행되었다고 생각할 수도 있지만, 실제로는 그렇게 간단하지가 않다. 단맛을 느끼는 구조 그 자체가 지금까지도 커다란 수수께끼에 싸여 있다.

앞에서 살펴본 화합물군은 모두 단맛을 느끼게 하지만, 눈으로 보면 바로 알 수 있듯이 구조적으로는 하나도 서로 닮지 않았다. 의외인 부분은 유기용제의 하나인 클로로폼(chloroform)이나 폭약 니트로글리세린(nitroglycerin) 등도 강한 단맛을 가지고 있으나, 구조에는 공통점이 하나도 없다는 점이다. 필자는 분자 구조와 생리작용의 관련에 대해서 오랜 연구를 해온 전문가이지만, 도대체 어떤 분자가 단맛을 느끼게 하는지, 아무리 구조식을 들여다보아도 짐작할 수 없다. 또한 당뇨병의 발병 메커니즘, 체내에서 당이 맡고 있는 역할 등에 대해서도 아직 해명되지 않은 부분이 많다. 당은 생화학에 남겨진 중요한 미개척 분야이다.

감미 화합물 연구의 권위자인 유명한 한 연구자는 감미료에 관한 논문을 "감미료라는 것은 도대체 무엇인가"라는 말로 마무리 지었다. 여기까지 이야기해온 필자도 마찬가지 기분이다. 인류를 지금까지 휘두르면서 세계를 뒤흔들어왔던 마성의 미각, 단맛은 도대체 무엇일까?

3

대항해 시대를 낳은 향기―방향족 화합물

향신료는 보석

장기(將棋)는 일본인에게는 가장 친밀한 게임 중의 하나이다. 일본인이라면 누구나 장기를 직접 두어본 적이 없더라도 장기 말의 이름과 어떻게 움직이는지는 알고 있을 것이다. 그러나 장기 말의 명칭은 생각해보면 불가사의하다. 옥장(玉將), 금장(金將), 은장(銀將)은 보석의 이름을 붙여서 중요한 말이라는 것을 가리키는 것을 알 수 있다. 그러나 계마(桂馬), 향차(香車)의 "계", "향"은 도대체 무엇일까?

여기에는 여러 가지 설명이 있지만, "계"는 계피, "향"은 육두구(nutmeg), 정향(丁香) 등의 향신료를 의미한다는 설이 유력하다. 열대에서 자라는 향신료는 고대로부터 중국 및 유럽에 대한 중요한 수출품이었다. 현대에는 상상하기 어렵지만, 향신료는 금은과 어깨를 나란히 할 정도로 귀중한 보석의 일종으로 삼을 정도로 귀중품이었다.

특히 유럽인의 향신료에 대한 열의는 일본인의 상상을 훨씬 더 뛰어넘었다. 집착(執着)이라는 말을 사용하고 싶을 정도로 그들의 강렬한 기호(嗜好)는 세계 역사를 크게 변화시킨 원동력이 되었다.

파라오의 비밀

이 책에서 수 차례 살펴보았듯이 매력적인 작물들 중 많은 작물의 원산지는 남방의 나라들이다. 열대지역에서만 수확할 수 있는 작물을 북방의 사람들이 찾아나서면서부터, 세계는 뒤흔들려 역사가 움직이기 시작했다고 해도 좋을 것이다.

향신료의 기원은 명확하지는 않으나, 기원전 3000년경의 인도에서 이미 후추가 사용되었던 것 같다. 향신료를 사용한 최고의 기록은 기원전 1700년경의 메소포타미아에서 점토판에 새겨놓은 요리법이다. 아마 역사가 시작하기 훨씬 이전부터 인류는 향신료의 맛을 즐겼던 것이 분명한 것 같다.

그러나 향신료 문화를 크게 발달시킨 것은 고대 이집트 사람들인 듯하다. 그들은 향신료를 단순히 요리의 맛을 더하는 것으로 보지 않고, 의복을 염색하거나 몸에 향기를 내는 데에 혹은 의약으로서도 사용했다. 실제로 소화 촉진, 건위(健胃), 정장(整腸) 등 약리작용을 가진 향신료도 적지 않다.

이집트인의 향신료 선호는 음료에도 영향을 주었다. 포도주에는 계피와 육두구, 맥주에는 오레가노와 민트, 파슬리로 향을 첨가했다. 화장품과 파피루스의 부패 방지, 구취 제거에도 각종 향신료를 사용했으며, 거의 모든 분야에 향신료를 사용한 생활을 했다고 해도 좋을 것이다.

신들을 모시는 신전에도 향신료는 빠지지 않았다. 역사가 플루타르코스는 이집트의 제단에는 아침, 점심, 저녁에 각기 다른 종류의 향을 피웠다고 기록했다. 사악한 것들과 싸우기 위해서는 아름다운 향기가 꼭 필요하다고 생각했던 것이다.

이를 위해서 이집트인은 멀리 아랍과 인도로부터 향신료를 수입했기 때문에 상인들이 세계를 두루 돌아다니며 활동했다. 생강, 계피, 정향, 카르다몸(cardamom), 후추[胡椒] 등 그 종류는 현대의 식탁에 올라오는 것과 다름이 없다. 향신료는 인류 최초의 국제상품이었다.

고대 이집트라고 하면 피라미드와 미라를 떠올리는데, 파라오 유체의 방부처리에도 향신료는 큰 역할을 했다. 우선 왕의 유체는 심장과 신장을 남겨두고 장기를 제거한다. 히말라야 나무기름, 계피, 몰약을 조합한 것을 30일간 칠해둔다. 그리고 콧구멍은 통후추 알로 채웠고, 잡균의 침입을 방지하는 조치도 행해졌다.

이렇게까지 노력과 시간을 들여 유체를 보존한 것은 죽은 자의 영혼이 돌아왔을 때 그 영혼을 받아들일 수 있도록 가능한 한 완전한 형태로 육체를 보존해야 한다고 생각했기 때문이다. 실제로 왕들의 혼이 돌아왔는지 여부는 알 수 없지만, 덕분에 5,000년 후의 인류에게는 귀중한 학술자료와 관광자원을 남겨주었다. 향신료의 위력은 실로 절대적이었다.

식물의 화학무기

향신료가 방부제로서 역할을 하는 것은 향신료가 식물이 만드는 화학무기이기 때문이다. 외부의 적으로부터 도망칠 수 없는 식물들은 세균을 죽이고, 곤충이 접근하지 못하게 하는 성분을 만들어 자신을 지켜왔다. 이것을 인간이 채취하여 활용하고 있는 것이다.

향신료 분자는 대기 속으로도 퍼져 나가며, 외부의 적에 대한 경계 신호로서도 작용한다. 인류는 이들 화합물이 유용하다는 점을 배워서, 머지않아 그 냄새를 상쾌한 향기로서 받아들이게 되었을 것이다.

향신료의 화학 구조를 보면, 벤젠 고리(benzene ring)(거북의 등껍질 모양 즉, 육각형의 고리 모양)에 산소 원자가 결합한, "페놀(phenol)"이라고 부르는 단위를 가진 것이 많다. 이것은 소독약 크레솔(cresol) 등에도 함유되어 있는 부분 구조이며, 향신료가 어느 정도의 살균력을 가진 이유가 되기도 한다.

많은 향신료는 벤젠 고리로부터 탄소 3개 정도의 짧은 꼬리가 튀어나온 구조를 가진다. 이것은 단백질의 원료인 아미노산의 한 가지이다. 페닐알라닌이 변환되어 합성되어 있기 때문이다. "꼬리"가 짧은 바닐린(vanillin, 바닐라의 향기)이나, 긴 피페린(piperine)과 같은 화합물도 있지만, 이것들은 뒤로부터 탄소 사슬이 없어지거나, 붙거나 하여 합성된 것이다. 자연은 풍부하게 존재하는 화합물을 유효하게 이용하여 자유자재로 온갖 화합물을 만든다.

페놀

페닐알라닌

계피알데하이드(cinnamaldehyde)
계피의 향기 성분

피페린
후추의 매운맛 성분

스카톨(분변 냄새)

아이소유제놀(isoeugenol)
육두구의 방충 성분

그리고 "육각형의 고리"를 가진 화합물에는 좋은 향기를 가진 것이 많기 때문에, 이 계열의 물질은 "방향족(芳香族) 화합물"이라는 이름을 가지게 되었다. 다만 현재 알려진 "방향족 화합물"에는 도저히 방향이라고는 말하기 어려운 향기를 가진 것도 많다. 배설물 냄새의 주범인 스카톨(skatole) 등도 방향족 화합물의 일종이다.

육식문화의 서양인이 향신료를 열렬히 찾았던 것은 향신료가 가진 살균력에 큰 이유가 있다. 무엇보다 곡물과 달리 고기는 장기 보관이 불가능하다. 말리거나 염장하는 방법도 있지만, 풍미를 크게 해친다. 그러나 향신료는 고기의 맛을 살려줄 뿐만 아니라 보존성을 높여주기 때문에 너무나 고마운 것이다. 다소 상한 고기의 맛과 냄새를 속이기 위해서도 향신료의 향은 유용했을 것이다.

동방의 다양한 향신료는 알렉산드로스 대왕에 의해서 서양에 유입되었다. 다른 나라에서 들여온 후추 등이 고가였던 것은 당연하지만, 그리스 지역에서 성장하는 월계수도 아폴론의 영목(靈木)으로 신성시되었다. 올림픽의 마라톤 승자에게 수여된 월계관은 여기에서 기원한 것이다.

향신료 문화는 로마에서도 지속되어 꽃을 피웠다. 로마에서는 후추가 지위를 나타내는 상징이 되어, 오늘날의 가치로 환산하면 1병에 1만 엔 정도로 거래된 것도 있었다고 한다. 그럼에도 불구하고 로마인들은 후추의 사용법을 잘 모르고 있었던 것 같다. 그들은 가열 전부터 후추를 뿌려서 고유의 향을 날려버리게 되는 조리를 했던 듯하다. 또한 폭군으로 악명 높은 네로는 아내인 포

파이아 사비나의 명복을 빌기 위해서 로마에서 사용하는 1년 치의 계피를 불에 태웠다고 한다. 어쩌면 이런 고가의 향신료를 일부러 낭비하는 일이 부를 과시하는 세련된 방법이라고 생각했던 것인지도 모른다.

이와 같은 일들로 인해서 로마 시대의 향신료 소비는 증가했다. 알렉산드리아로부터 로마로 향하는 배의 화물의 4분의 3이 후추였다고 해도 과언이 아니었다. 410년에 서고트족의 왕인 알라리크가 로마를 공격했을 때에는 포위를 푸는 대가의 하나로 1톤 가까운 후추가 지불되었다. 귀족들의 위장에서 소비된 후추의 비용을 좀더 일찍부터 이민족 방비에 충당했더라면, 로마 약탈이라는 쓰라린 패배를 당하지 않았을지도 모른다.

로마 제국의 붕괴 이후에도 향신료 문화는 사그라지지 않았다. 급속하게 세력을 확장한 이슬람 제국에 의해서 인도네시아로부터 아프리카까지를 연결하는 무역체제가 정비되어, 향신료의 산지와 소비지가 연결되었다.

이슬람권을 쳐들어간 십자군에 의해서 유럽은 각종 향신료의 맛을 재인식하게 되었다. 향신료를 서양에 반입시킨 것은 교역을 생업으로 하던 베네치아 공화국의 사람들이었다. 상인들은 어느 시대에나 왕성하게 활동했지만, 그중에서도 "베네치아 상인들"은 예외적이었다. 이슬람 교도와의 교역을 로마 교황으로부터 금지당하자, 무역 거점을 바꾸어 감시를 피해 꼭두각시를 세워 거래를 이어나갔으며, 나아가 교황에게 뇌물을 바쳐 묵인해줄 것을 요청하는 등 온갖 수단을 동원했다. 동지중해의 요지를 포함한 통상로를 정비하여 필요하다면 경쟁자들이나 해적들과의 전투도 마다하지 않았다. 모두 향신료가 만들어내는 막대한 이익을 지키기 위해서였다.

이 시대에도 후추는 바람에 날아가지 않도록 창문을 꽉 닫고, 대상인들이 핀셋으로 한알 한알 모았을 정도로 귀중품이었다. 독일에서는 450그램 정도의 육두구가 소 일곱 마리와 교환되었다는 기록이 있다. 고기를 맛있게 먹기 위해서 쓰이던 향신료가, 고기 그 자체보다 훨씬 더 고가였던 것이다.

각종 향신료가 이 정도의 높은 가치가 있었던 이유들 중 일부는 페스트의 유행이라는 대사건이 있었기 때문이다. 1347년에 시작된 페스트의 대유행으로 당시 유럽 인구의 3분의 1이 사망한 것으로 추정된다. 병원균 등의 존재를 몰랐던 시대였기 때문에, 병의 감염 원인이 사체에서 나오는 악취라고 생각한 사람들은 좋은 향기를 뿜어내는 향신료가 병을 막아줄 것이라고 생각했던 것이다. 그들은 알코올을 이용하여 향신료에서 추출한 것으로 몸을 닦고, 향수를 뿌린 손수건을 가지고 다녔다.

이런 행위들이 아주 무의미한 미신은 아니었던 것으로 생각된다. 예를 들면 육두구의 성분인 아이소유제놀(isoeugenol)에는 곤충 기피작용이 있어 감염원인 벼룩을 다소나마 피할 수 있게 해주었을 것이다. 알코올도 소독작용을 하기 때문에 당시 가능했던 페스트 대책으로서는 최선의 처방이었을 것이다. 중세의 사람들에게 향신료는 악마를 물리치는 신비한 영약(靈藥)으로 비쳐졌음이 분명하다.

대항해 시대의 발소리

이렇게 동지중해 세력권을 지배하던, 향신료 무역을 독점하고 있던 베네치아에 생각하지 않던 강적이 나타났다. 바로 13세기 말에 소아시아에서 출현하여 순식간에 세력을 확대한 오스만 제국이다. 베네치아가 오랜 시간에 걸쳐 구축한 지중해의 제해권(制海權)도 이 신흥 제국의 손에 들어가게 되었다. 향신료의 원산지인 동남 아시아와 거대한 소비지인 유럽의 사이를 가로막을 수 있었던 이 나라가 한 일은 당연히 고액의 관세를 부과하여 이익을 꾀하는 것이었다.

이것은 서양 제국에는 사활이 걸린 문제였다. 지금으로 말하자면, 호르무즈 해협이 봉쇄되어 석유 수입이 중단된 것과 같은 충격이었을 것이다. 필수품인 향신료 교역로의 목덜미를 눌린 유럽은 생각하지도 않았던 모험에 나섰다. 지중해와 오스만 제국의 세력권을 피해, 아프리카 대륙을 돌아서 직접 아시아로 향하는 항로의 개척에 나서게 되었다.

이 항로는 당시의 조선과 항해 기술을 생각하면, 참으로 무모하다고밖에 할 수 없는 시도였다. 그러나 이 모험에 나선 포르투갈의 선원들은 서서히 항속거리를 늘려갔다. 1496년에는 마침내 바스쿠 다 가마가 아프리카 대륙을 돌아 인도에 도착했다. 이 성공을 계기로 유럽 최서단의 작은 나라였던 포르투갈은 세계를 제패하는 거대 제국으로의 길을 걷기 시작했다.

머지않아 대서양과 인도양을 잇는 항로는 후추를 가득 실은 많은 포르투갈 배들이 통행하게 되었다. 오랜 기간 향신료 무역을 독점하여 번영을 누려왔던 베네치아의 지위는 몰락했으며, 포르투갈의 수도 리스본에서는 그때까지의 가격의 5분의 1에 불과한 염가로 후추를 매입할 수 있었다. 항해는 상당히 위험했으며 큰 희생도 따랐지만, 향신료 무역은 그 희생을 충분히 상쇄할 정도로 좋은 사업이었다.

신대륙의 붉은 열매

이웃 나라인 스페인도 포르투갈의 약진을 부러운 눈으로 바라만 보고 있지는 않았다. 1492년 3척의 선단이 파로스 항구를 떠나 포르투갈 함대와는 반대로 서쪽을 향해서 출항했다. 2개월 후에, 선단은 그때까지 알려지지 않았던 섬에 겨우 도착했다. 바로 콜럼버스의 신대륙 발견이다. 그의 업적은 물론 역사에 위대한 기록을 남겼지만, 식문화의 역사에서도 매우 귀중한 발견이었다. 그들은 서인도제도에서 누구도 알지 못했던 새빨간 열매가 열린 식물을 보았다. 그때까지 향신료의 여왕이라고 하던 후추의 지위를 위협하게 되는 향신료, 고추의 발견이었다.

고추는 유럽에서는 그다지 유행하지 못했으나, 아시아 각 지역에서는 열광적으로 받아들여졌다. 아시아의 요리라고 하면 우선 맵다는 이미지가 있다. 실제로 이 현상은 16세기 이후에 고추가 도입된 이후의 일이다. 인도의 카레도 한국의 김치도 타이의 똠양꿍도 포르투갈인이 고추를 가져오기 전까지는 우리가 지금 알고

고추의 매운 성분인 캡사이신

있는 맛이 아니었다.

　고추가 이 정도로 열광적으로 받아들여진 원인은 무엇이었을까? 고추의 매운맛은 캡사이신(capsaicin)이라는 화합물 때문이다. 거북의 등껍질로부터 꼬리가 나온 형태의 구조는 다른 향신료와 동일하지만, 캡사이신은 다른 향신료에는 없는 특수한 작용이 있다.

　캡사이신은 체내에서 TRPV 1이라고 불리는 수용체 단백질과 결합하여 스위치를 켠다. 그러면 우리의 몸은 아픔을 느끼고 온도가 상승한 것도 아닌데도, 열을 느낀다. 이로 인해서 매운 요리를 먹으면 대사율이 올라가서 땀이 난다. 영어에서 "hot"이라고 표현되는 것처럼 고추의 매운맛은 미각이 아니라 통각(痛覺)과 온각(溫覺)이다.

　캡사이신에 의한 통증을 느끼면, 뇌는 그 통증을 치유하기 위해서 엔도르핀과 같은 뇌내 마약을 방출한다. 매운 음식을 먹는 것은 괴로운 일인데도 식후에는 불가사의한 만족감을 느끼는 것은 이 때문이다. 장거리를 달리는 도중에 느끼는 쾌감인 "러너스 하이(Runners' High)"와 닮은 이유라고 할 수 있다. 말하자면 "먹는 마조히즘"이지만, 이것을 받아들이는 방식에 아시아와 유럽이 상당한 차이를 보인다는 것은 흥미롭다. 엄격한 수행 끝에 보살의 경지에 이르는 불교가 영향력을 가진 지역과 고추 문화가 받아들여진 지역이 흔히 중첩되는 것은 과연 우연이었을까?

목표는 몰루카 제도

포르투갈의 진격이 인도에서 멈춘 것은 아니다. 그들은 더욱 동진하여 인도네시아의 몰루카 제도를 목표로 삼았다. 무엇보다 이섬들은 육두구와 정향을 수확할 수 있는 세계에서 유일한 지역이었다. 이 지역을 얻는 것은 말하자면 유전을 확보하는 것과 같은 것으로, 마르지 않는 샘을 손에 넣은 것이나 마찬가지였다.

경쟁자였던 스페인도 이 향신료의 섬을 목표로 했지만, 이미 인도양은 포르투갈의 세력권 아래에 있었다. 스페인 탐험가 마젤란은 서쪽으로부터 몰루카 제도로 향하는 루트의 개척에 나섰다. 1519년에 스페인을 떠난 마젤란 선단은 도중에 부하들의 반란은물론, 같이 항해하던 선박의 난파라는 고난과 맞닥뜨렸다. 그러나굴하지 않고 결국 남아메리카 대륙 남단을 돌아 태평양으로 나아갔다. 식료 부족과 동료들의 분열로 처참한 항해를 한 끝에 겨우도착한 필리핀에서는 마젤란을 포함한 수뇌부가 원주민과의 싸움에서 전사하여 선단은 완전히 와해된 상태였으나, 결국 목표로 했던 몰루카 제도에 도착했다. 출항한 지 2년 후의 일이었다. 그러나여기에서 그들은 욕심을 내어 오랜 항해로 파손된 선박에 정향을

정향(丁香)의 향기 성분인 유제놀(eugenol)(왼쪽)과 육두구(肉豆蔻)의 향기 성분인
미리스티신(myristicin)(오른쪽)

과도하게 실은 나머지 1척이 침수되는 사태에도 직면했다.

1522년, 마젤란 선단은 마침내 스페인으로 귀국했는데, 역사상
처음으로 세계 일주를 이룩했다. 그러나 스페인을 떠난 5척 중에
서 돌아온 배는 1척뿐으로, 270명 정도였던 선원들 중에서 18명만
이 귀국했다. 왜 그렇게까지 되었을까 하고 생각할 수도 있지만,
요컨대 대항해 시대는 향신료에 대한 갈망이 모험가들을 자극한
시대였다. 현재 세계에 퍼져 있는 스페인어권과 포르투갈어권은
향신료와 금은 등의 보물 획득을 위해서 세계를 돌아다닌 모험가
들의 흔적이다.

보물섬인 몰루카 제도를 둘러싼 싸움은 이것으로 끝난 것이 아
니었다. 17세기에는 영국도 이 섬을 노렸으나, 최종적으로는 네덜
란드가 적과 원주민을 살육하고 이 섬의 영유권을 차지했다. 본국
정부 대신, 이 지역의 군사 문제로부터 식민지 경영에 이르기까지
모든 것을 수행한 네덜란드 동인도 회사는 민간 등에서 널리 투자
를 받은 역사상 최초의 주식회사였다. 근대적 자본주의의 성립에
도 향신료는 한몫을 담당했다.

1665년에 시작된 영국과 네덜란드의 전쟁에서 승리한 네덜란드가 몰루카 제도의 작은 섬인 란 섬을 얻었고, 대신 북아메리카 대륙의 한구석인 허드슨 강의 하구에 있는 가늘고 긴 섬을 영국에 할양했다. 이것은, 당시의 인식으로 보면, 네덜란드에 유리한 거래였다고 생각되었지만, 현대의 우리가 보기에는 커다란 손실이었다. 네덜란드가 이때 영국에 할양한 섬이 바로 현재의 맨해튼 섬이다. 네덜란드가 향신료 무역에 집착하지 않았다면, 뉴욕의 이름은 지금까지도 "뉴암스테르담"이었을 것이다. 인류는 "꼬리가 달린 거북이 등껍질 모양"을 찾아헤매면서, 세계의 형상조차 크게 바꾸었다.

향신료는 마약인가

향신료에 대한 인간들의 열광을 살펴보면, 향신료에 어떤 마약 작용이라도 있는 것은 아닌지 하는 생각이 든다. 실제로, 이제까지 언급한 향신료는 암페타민(amphetamine) 등의 마약과 비교적 가까운 관계에 있으며, 구조도 상당히 비슷한 것도 있다. 예를 들면, 연예인이 사용하여 유명해진 마약 MDMA는 사사프라스 기름의 향기 성분인 사프롤을 인공적으로 변환하여 합성한 것이다.

다만 마약 분자는 작용의 열쇠가 되는 질소 원자를 가지고 있지만, 향신료의 분자는 이것이 없다. 이 때문에 향신료가 강한 향정신작용을 가지고 있다고는 생각하기 어렵다. 체내에서 물질대사 작용을 통해서 마약과 닮은 성분이 나오는 것은 아닐까라고 쓴

사프롤

MDMA

책도 있지만, 이것도 다소 무리가 있는 듯하다.

이런 향신료 숭배는 일본인들에게는 이해하기 힘든 일이다. 일본의 식문화에서 향신료가 차지하는 비중이 낮은 것이 그 한 가지 원인이라고 생각된다. 그것은 일본인이 오랜 기간 육식을 하지 않고, 곡물을 주식으로 하는 식문화였던 것이 가장 큰 원인일 것이다. 그리고 신선한 바다의 행운과 청결한 물의 혜택으로 일본에서는 식품 보존의 필요성이 낮았던 것도 큰 부분을 차지한다. 미각의 측면에서도 일본 음식에서는 된장과 간장 등의 발효조미료가 맛의 기본을 이루고 있었기 때문에 자극적인 향신료가 들어올 여지가 적었다고 할 수 있다. 강하게 자기주장을 하는 것을 싫어하는 문화가 요리의 측면에서 나타난 것인지도 모른다.

여기에 더해서 아마 일본인은 냄새에 대한 관심이 낮은 민족인 듯하다. 일본어에는 "냄새(におい)", "향기(かおり)" 정도의 어휘밖에 없는 데에 비해서, 영어는 smell(냄새 전반), perfume(향료 등

의 방향[芳香]), odor(물체의 특이한 냄새), stench(악취), stink(악취), scent(향기), fragrance(화장품 등의 방향), bouquet(술 냄새), aroma(커피, 카레 등의 냄새), flavor(맛과 냄새의 혼합) 등등, 일본어와 비교가 되지 않을 정도의 풍부한 표현을 가지고 있다. 또한 한자에도 "내(匂)", "취(臭)", "향(香)", "방(芳)", "복(馥)", "욱(郁)", "훈(薰)", "형(馨)", "성(腥)" 등 다양한 뉘앙스를 나타내는 글자가 존재하고 있다. 냄새의 문화에 관해서는, 다른 나라들에 비해서 일본이 조금 늦었다는 것은 부정할 수 없다.

끝나지 않은 향신료의 시대

열강이 사투를 거듭했던 향신료에 대한 이권 다툼은 18세기에 들어서서 한풀 꺾였다. 그렇게도 왕성했던 향신료에 대한 수요가 이 시기부터 사그라지기 시작했다. 이 시기에 일어난 "농업혁명"이 하나의 원인이었던 것 같다.

이 시대까지는 가축을 일 년 내내 키울 수가 없었다. 겨울이 되면 목초가 부족했기 때문에 그 전에 가축을 보존 식품으로 가공할 필요가 있었던 것이다. 그러나 순무 등 겨울에도 자라는 작물의 개발, 지력을 고갈시키지 않는 윤작법의 정착 등이 맞물려, 유럽의 기나긴 겨울에도 가축을 먹일 수 있게 되었다. 이로 인해서 일 년 내내 신선한 고기를 얻을 수 있게 되자, 향신료의 수요는 감소했다. 19세기가 되어 냉장기법이 개발되자, 이런 경향은 결정적이 되었다.

바닐라의 향기 성분인 바닐린(위쪽)과
초콜릿의 향기 성분인 이소부타반(isobutavan)(아래쪽)

트로피오날(tropional)

오늘날 향신료는 단순히 미각을 즐겁게 해주기 위한 기호품이 되었다. 물론 일정한 수요는 있지만, 거친 남자들이 향신료를 찾아 바다를 누비고, 생산지의 영유권을 위해서 사활을 걸고 싸우는 일은 이제는 일어나지 않는다.

다만 향신료 화합물의 연구를 바탕으로 방향족 화합물의 합성법, 구조와 향기의 관련성 등에 대해서는 해명작업이 진행되고 있다. 이와 같은 화합물을 만들면, 이러한 향기를 내뿜는다는, 상당한 수준으로 "향기를 디자인하는" 일이 가능해졌다.

예를 들면, 바닐라의 향기 성분인 바닐린의 구조를 조금 변화시키면, 초콜릿의 향기를 만들 수 있다. 사프롤 분자의 구조를 조금 변화시키면, 백합과 시클라멘의 향기를 가진 "트로피오날"이라는 물질이 된다. "액체의 보석"이라고도 불리며 고급 브랜드의 주력 상품인 향수는 바로 이들 향기물질을 브랜드화한 것이나 다름없다. 현재 향수업계는 대기업이 군림하는 거대 산업으로 성장했다. 새로운 성분의 개발경쟁은 매우 치열하며, 다른 회사 제품을 분석하여 만든 복제품도 횡행하는 등 혹독한 전쟁터가 되었다.

또한 향신료의 연구를 통해서 의약품도 만들어지고 있다. 이전부터 계피와 정향은 한방 약제로서도 사용되어온 역사가 있지만, 근년에는 고추의 통증 유발작용을 연구하여 거꾸로 진통제를 만드는 등의 연구가 진행되고 있다. 캡사이신은 체내에서 "수용체(受容體)"라고 부르는 단백질에 결합되어 통각의 스위치를 켠다. 캡사이신과 닮은 화합물을 이용하여 이 수용체를 막아버리면, 통증을 느끼지 못하게 되는 원리이다. 의약 중에서도 진통제는 거대

시장으로서, 그 개발경쟁은 현재 한참 뜨거운 분야이다.

시대가 지나면서 향신료에 대한 수요는 저하되었다. 그러나 향신료의 성분은 화학의 힘으로 모습을 바꾸어 새로운 부가가치를 얻게 되었다. 예전처럼 피를 흘리는 싸움은 사라졌지만, 오늘날에도 향신료를 둘러싸고 일확천금을 노리는 사람들의 다툼은 계속되고 있다.

4
세계를 이등분한 "감칠맛" 논쟁—글루탐산

미각의 홈그라운드

길모퉁이에 죽 늘어서 있는 사람들의 줄. 무슨 사고가 있었던 것은 아닌지 그 줄의 끝을 보면, 대개 라면집이 자리잡고 있다. 카레나 이탈리아 요리 등 일본인이 좋아하는 요리는 많지만, 사람들이 줄을 서는 업종은 라면집 이외에는 없을 것이다. 전국 각지에 지역마다 다양한 라면들이 있고, 그 라면들을 먹고 서로 비교해보기 위해서 찾아다니는 열광적인 팬들도 많다. 라면의 맛에는 일본인을 강렬하게 끄는 무엇인가가 있다.

필자도 하와이에 갔을 때, 해외까지 와서 그럴 필요는 없다고 생각하면서도, 나도 모르는 사이에 그다지 맛도 있어 보이지 않는 라면집에 재빨리 들어간 적이 있다. 예상과 다르지 않게 그다지 맛도 없는 그 가게의 손님들 대부분은 역시 일본인이었다. 일본인에게 라면은 며칠 먹지 못하면 그리워지는 미각의 홈그라운드와 같은 위치를 차지하고 있는 것 같다.

라면 맛의 기초를 이루는 화합물은 글루탐산 소듐(sodium glutamate)이다. 다시마와 가다랑어포(가쓰오부시)의 국물인데 일본 요리에 없어서는 안 될 맛이다. 그리고 아시아권 지역의 요리에도 널리 사용되고 있다. 글루탐산 소듐을 순수하게 추출한 "감칠맛 조미료"는 각국에서도 큰 성공을 거두었다. 그러나 한편으로는 이런 감칠맛 조미료는 오랜 기간 다양한 중상모략과 비판에 시달려온 역사가 있다. 오늘날에도 감칠맛 조미료는 어떤 의심스러운 것, 몸에 나쁜 영향을 줄 것 같은 것, 꼭 사용해야 하는 것은 아닌 것이라는 이미지를 가진 사람들이 다수일 것이다.

일본인에게는 조금 불가사의한 일이지만, 서구에서는 1세기 가까운 시간에 "감칠맛(旨味[うまみ], savory taste)"이라는 맛의 존재 자체도 인식하지 못했다. 앞의 장에서 서구인의 향신료에 대한 열광이 일본인에게는 이해하기 힘든 일이라고 썼지만, 그들의 입장에서 보면 글루탐산이 인기도 상당히 납득하기 힘들 것이다. 이렇게 사랑과 미움을 받으며, 무시당해온 "감칠맛"은 세계의 음식의 역사에서 전혀 유례를 볼 수 없다(오히려 글루탐산이라는 것은 감칠맛은 약하지만 보편적으로 존재하는 소듐 이온과 결합되면, 강한 맛을 느끼게 한다. 이하에서는 글루탐산 소듐을 간단하게 글루탐산이라고 표기한다).

단백질 센서

우리가 생명을 유지하는 데에 가장 중요한 물질은 무엇일까?

글루탐산

아마 과학자들의 대답은 "단백질(protein)"로 일치할 것이다. 우리의 몸을 만드는 근육의 주성분은 단백질이며, 뼈와 힘줄을 만드는 콜라겐도 단백질의 일종이다. 그 외에 몸에 필요한 물질을 합성하고, 혈액 속에서 산소를 운반하고, 몸 밖으로부터 침입해온 병원균을 격퇴시키는 작용도 모두 단백질의 일이다. 우리가 DNA의 형태로 조상으로부터 물려받은 유전정보도 단적으로 말하면, "이러한 단백질을 만들어라"라는 지령의 집합체이다.

단백질이란 어떤 것인지를 물으면, 간략하게 대답해서 수백 개의 아미노산이 염주처럼 연결되어 있는 것이다. 20종에 불과한 아미노산의 조합으로 매우 복잡한 기능이 실현된다는 것은 자연의 거대한 경이 가운데 하나이다. 그리고 그 주역인 글루탐산은 생명의 기본단위이며, 20종의 아미노산들 중 하나이다.

단백질의 수명은 기껏해야 며칠에 지나지 않는다. 인체를 구성하는 단백질은 시간이 흐르면 곧장 분해되어버려서 새로 만들어지지 않으면 안 된다. 이를 위해서 동물은 생존에 꼭 필요한 단백질을 계속 섭취할 필요가 있다. 고기나 생선, 콩 등 식사를 통해서 얻는 단백질은 체내에서 아미노산 단위로까지 분해되어 새로운 단백질로 다시 만들어진다. 세계를 가득 채운 생명들의 행위는 아미노산 재순환의 장대한 반복에 의해서 지탱되고 있는 것이다.

이러한 의미에서 동물은 중요한 영양원인 단백질을 적극적으로 섭취하기 위해서 그 존재를 잡아내는 센서를 발달시켰다. 단백질이 있는 곳에는 반드시 그것이 분해되면서 만들어진 글루탐산이 존재한다. 이 "단백질의 표지"를 섭취했을 때에 쾌락을 느끼도록 인간의 몸은 진화했다.

예를 들면, 인간의 모유에 함유되어 있는 아미노산의 절반은 글루탐산이다. 즉 우리는 태어나자마자 감칠맛을 찾게 되어 있다고도 말할 수 있다. 라면 가게 앞에 줄을 선 사람들은 요컨대 어머니의 모유를 찾는 것과 같은 심리의 지배를 받는 것이다.

제호의 맛

앞에서 서구인들은 글루탐산의 맛의 존재를 이해하지 못한다고 말했지만, 그들 모두가 "감칠맛"에 대해서 장님인 것은 아니다. 예를 들면, 그들이 사랑하는 치즈의 맛은 실제로 글루탐산에 의해서 지탱되고 있는 부분이 많다. 파르마산 치즈는 고형의 식품 중에서 가장 글루탐산의 함량이 많아 단번에 요리의 맛을 크게 변화시킨다. 말하자면 이탈리아판 감칠맛 조미료라고 할 수 있는 존재이다.

치즈는 가장 오래된 가공식품이라고 할 수 있는데, 기원전 5000년경에도 이미 일상적으로 먹었던 것 같다. 그 기원은 확실하지는 않으나, 아마도 세계 각지에서 독자적으로 발견되었을 것이다. 산양이나 소의 젖을 송아지의 적출한 위에 넣어 운반하는 도중에, 젖이 굳으면서 우연히 치즈가 만들어졌을 것으로 추정된다. 송아지의 위는 모유를 소화시키기 위해서 "레닛(rennet)"이라고 부르는 효소를 방출한다. 레닛에 의해서 젖의 단백질이 일부 분해되어 아미노산 등이 되면서 그런 풍미가 생기게 된다. 응고된 젖에서 수분을 제거하고, 소금을 첨가하면 장기 보존이 가능한 치즈가 만들어진다. 게다가 숙성 과정에서도 단백질이 계속 분해되면서 맛이 보다 깊어진다. 소와 돼지를 도축한 후에 바로 먹는 것보다는 어느 정도 지난 후에 조리를 하는 것이 더 맛있는 것과 마찬가지이다.

고대인들에게 맛있고, 쉽게 상하지 않는 치즈는 바로 하늘이 내린 식품이었다. 숙성법과 허브의 첨가에 의해서 다양하게 만들어진 치즈는 그리스와 로마의 미식가들도 만족시켰다.

동양에서도 "소(蘇)", "락(酪)", "제호(醍醐)" 등 치즈와 비슷한 유제품이 예전부터 제조되어왔다. 부처의 깊은 가르침을 "제호미(醍醐味)"라고 하는 것은 잘 알려져 있다. 동서양을 막론하고 치즈는 최고의 맛으로 인정받아왔다.

영양 덩어리인 치즈는 여행자나 원정에 나선 병사들의 휴대용 식량으로서도 극히 중요했으며, 수많은 교역과 전쟁을 배후에서 지탱해왔다. 전쟁 국가로 알려진 스파르타는 사람들이 자진해서 전장에 나가도록 하기 위해서 평소에는 일부러 담즙을 넣어 쓰디쓴 스프를 먹었고, 전장에서는 치즈와 벌꿀을 마음껏 먹을 수 있는 제도를 만들었다고 한다.

그 외에 글루탐산을 많이 함유한 음식으로는 토마토와 파스타 등이 있다. 글루탐산이라는 이름 자체도 밀가루의 끈기 성분인 "글루텐(gluten)"에서 따온 것이다. 이런 식재료들을 활용한 이탈리아 요리가 일본에서 인기가 있는 것은 당연한 일일지도 모른다.

이런 의미에서 서구에서도 글루탐산을 함유한 식품은 오래 전부터 애호되었다. 그럼에도 불구하고 왜 그 맛이 좀처럼 인정받지 못했는지, 그 이유에 대해서는 다음에 서술하겠다.

막부를 쓰러뜨린 다시마

한편 아시아에서는 풍부한 조미료 문화가 발전했다. 온난하고 습윤한 기후는 세균의 생육에 적절하기 때문에 각종 발효 조미료가 발달했다. 식재료를 염장하여 발효시킨 "장(醬)"은 아시아 각 지역에서 발달했는데, 일본에서 생산되어 성공한 것은 말할 필요도 없이 간장이다. 그 맛은 대부분 콩의 분해물인 글루탐산에서 나온다.

그러나 일본 요리의 맛을 지탱하는 주축은 무엇보다도 다시마와 가다랑어포(가쓰오부시)를 끓여서 얻는 "육수(肉水, 곧 다시[だし, 出し])"일 것이다. 다시마는 건조 중량의 4퍼센트에 달하는 글루탐산을 함유하고 있어서, 이상적인 육수의 원료이다. 덧붙여서 "다시마가 바다에서 육수를 내지 않는 것은 무슨 이유인가"라는 문구가 있었지만, 다시마의 내부로부터 글루탐산이 새어나오지

않는 것은 세포벽에 의해서 육수가 단단히 지켜지기 때문이다. 다시마를 건조시키면, 세포벽이 파괴되어 끓이기만 해도 감칠맛 성분이 녹아나오게 된다.

참으로 귀중하게 생각된 다시마였지만, 그 많은 부분은 한랭한 해역에 분포하여 지금도 천연 다시마의 95퍼센트는 홋카이도(北海道)에서 채취된다. 이로 인해서 양질의 다시마는 일찍이 더욱 대단한 귀중품이 되었다. 에도 시대에 들어서 배의 항해 루트가 정비되면서 마침내 전국에 보급되었다. 다시마 무역의 중계거점이었던, 도야마(富山), 가고시마(鹿兒島), 오키나와(沖繩) 등지에서는 지금도 다시마를 이용한 향토 요리가 많다.

청(淸) 왕조의 지배하에 있던 중국에서도 다시마의 수요는 왕성했다. 여기에 눈을 뜬 것이 사쓰마 번(薩摩藩)의 가신인 주쇼 히로사토였다. 그가 가신의 우두머리로 취임할 당시(1833)의 사쓰마 번은 500만 냥에 달하는 빚을 포함하여 거의 파탄 상태였다. 그러나 주쇼는 상인들에게서 빌린 빚을 무이자 250년으로 분할하여 반제하는 법을 제정하여 사실상 돈을 떼어먹었다. 그 대신에 주쇼는 막부 몰래 청나라와 밀무역을 하여, 매입한 물건을 우선적으로 상인들이 취급할 수 있도록 하겠다며 그들을 회유했다.

사쓰마 번은 아마미(奄美), 류큐(琉球)에서 제조한 설탕을 오사카(大阪)의 시세대로 판매하여 그 돈으로 매입한 홋카이도의 다시마를 대륙에 판매함으로써 거액의 이익을 얻을 수 있었다. 이렇게 사쓰마 번은 500만 냥의 빚을 청산하고도 오히려 250만 냥을 축재하는 기적적인 V자 회복을 달성했다. 사쓰마 번이 막부

타도의 주역을 맡게 된 것은 여기에서 얻은 자금의 힘이 큰 역할을 했다. 260여 년에 걸친 막부체제를 무너뜨린 것은 설탕과 다시마, 다시 말하면 수크로스(sucrose, 감미 물질)와 글루탐산 소듐이라는 두 가지의 조미 물질에 대한 아시아인의 편애였다고 볼 수도 있을 것이다.

실제로 필자의 선조는 사쓰마 반도의 남서단, 보노츠(坊津)에 살았는데, 이 밀무역에 종사했던 일족이다. 필자도 한 번 보노츠 지역을 방문했지만, 육지 쪽은 깊은 산, 바다 쪽은 길고 좁은 만에 둘러싸인 그 지형은 막부의 눈을 피해 이루어졌던 밀무역에 어울리는 곳이었다. 보노츠 사람들은 당시부터 쇼군이 사는 먼 에도(江戸 : 현재의 도쿄)보다도 푸르고 아름다운 바다 저 건너에 펼쳐져 있는 대륙의 존재를 친근하게 느끼면서 살아왔다. 사쓰마 사람 모두는 태어나면서부터 국제적인 시야를 넓힐 수 있는 환경에 있었다고 할 수 있다. 일본의 남서단, 중앙으로부터 시선이 닿지 않는 맨끝의 땅인 사쓰마로부터 막부 타도의 불길이 타오른 것은, 어쩌면 역사적 필연이었을지도 모른다.

일본인의 체격을 향상시킨 남자

막부 말기, 지사(志使)들이 바삐 돌아다니던 교토(京都)의 사쓰마 번의 관저에서, 한 남자 아이가 첫 울음을 터뜨렸다. 그의 이름은 이케다 기쿠나에, 후에 세계 조미료의 역사를 새롭게 쓴 인물이었다. 소년시절부터 화학실험에 친숙할 수 있는, 혜택 받은 좋은 환경에서 재능을 키워나간 그는 1885년에 도쿄 대학교 이학부 화학과에 입학하여 연구자의 길을 걸었다. 한편으로 동양철학과 정치론에 이르기까지 해박한 지식을 가졌으며, 나쓰메 소세키와도 문학론을 펼칠 정도로 전형적인 메이지 교양인이기도 했다. 쓰보우치 쇼요의 뒤를 이어 고쿠가쿠인 대학교(國學院大學校)에서 셰익스피어의 강의를 한 적도 있다고 하니, 그 재능에 실로 놀라움을 금할 수 없다.

1899년, 이케다는 독일로 유학을 떠났는데, 유학이 그의 운명을 크게 바꾸어놓았다. 독일에서 그는 후에 노벨 화학상을 수상한 물리화학의 태두인 프리드리히 오스트발트 교수에게 사사했다. 화학반응 속도에 관한 이론적 연구가 오스트발트의 전공 분야였지만, 후술하는 바와 같이 그는 질소비료의 생산법에도 크게 공헌했으며, 종이의 규격(A4 크기 등)도 제안했다. 순수화학을 추구하면서도 사회에 공헌하는 연구에도 적극적으로 참여하는 스승의 모습은 이케다에게 큰 영향을 주었다.

유학 기간 중에 또 한 가지 이케다에게 충격을 준 것은 독일인의 체격이었다. 150센티미터 남짓이던 이케다는 독일의 성인 남자들 사이에서는 정말 소년 같아 보였다. 코트를 사러 갔을 때에는 아동복에서 골라야 했을 정도였다. 현재의 우리에게도, 일본인과는 차이가 크게 나는 서구인의 식성, 무한한 듯 보이는 체력은 많은 부분 인종이 서로 다르기 때문이다. 당시의 이케다의 입장에서 보면, 거인국을 헤매는 심정이었을 것이다.

귀국하여 도쿄 대학교 교수에 취임한 이케다는 오랫동안 자신의 연구 주제에 대해서 이런저런 생각을 하다가 녹초가 되기도 했다. 그러던 어느 날 그는 두부 요리에 사용된 다시마 육수의 맛에 감동하여, 이 성분을 추출하면 어떨까 하는 생각이 문득 떠올랐다. 순수한 감칠맛의 원료를 분리하여 그것을 조미료로 싸게 제공할 수 있다면, 이런 먹거리도 자연히 일본인의 체격 향상에 기여할 것이라는 것이 그의 발상이었다.

이케다는 40킬로그램의 다시마를 구입해서 곧장 실험을 했다. 다시마를 끓여서 맛을 우려낸 국물을 바싹 조려서, 천천히 불순물을 제거한 후에 납 화합물을 더함으로써 30그램의 감칠맛 성분을 결정화하는 데에 성공했다. 러─일전쟁이 끝나고 3년이 지난 1908년의 일이었다. 이때 처음으로 추출한 글루탐산은 지금도 소중히 보관되고 있으며, 2010년에 일본화학회에 의해서 "제1호 화학유산"으로 결정되었다.

이 발견의 학술적인 가치는 유례가 없을 정도로 엄청나다. 단맛(甘味, sweetness), 신맛(酸味, sourness), 짠맛(鹽味, saltiness), 쓴맛(苦味, bitterness)에 이어 제5의 미각인 감칠맛(우마미, savory taste)의 존재를 과학적으로 만들었다는 것만으로도 대단한 업적이다. 이후의 연구에서 글루탐산이라는 물질은 생화학에서 중요한 물질들 중의 하나임이 입증되었다. 글루탐산은 중요한 신경전달물질이며, 이 화합물이 없으면 인간은 기억도, 학습도 할 수 없다. 이케다의 발견은 19세기 이후 현재까지도 이어지고 있는 "글루탐산의 과학"을 개척한, 참으로 역사에 한 획을 그은 연구였다.

이케다의 비범함은 이 발견을 단순히 학술논문으로 정리하는

데에 그치지 않았다는 것이다. 그는 이 발견에 대해서 특허를 취득하고 기업과 연계하여 글루탐산의 생산에 착수했다. 1909년 이케다의 감칠맛 조미료는 "아지노모토(味の素)"라는 이름으로 세상에 나왔다. 완전히 독창적인 일본의 발견이 큰 산업으로 이어진 최초의 사례로서 일본의 산업 역사에 특필할 사건이었다.

그렇게 탄생한 아지노모토 회사는 지금도 연간 매출액이 1조 엔을 넘으며, 식품업계의 거인으로 성장했다. 이케다가 한탄한 일본인의 빈약한 체격도 지금은 서구인에게 뒤지지 않을 정도까지 향상되었다. 그의 연구 성과도 여기에 상당한 공헌을 했을 것이다.

고난의 길

그러나 이케다와 아지노모토가 걸어온 길은 결코 단순한 성공 스토리는 아니었다. 우선 이케다의 "제5의 미각 발견"이라는 보고는 서구에서는 전혀 받아들여지지 않았다. 이미 설명했듯이 서구에서도 치즈 등 글루탐산의 맛은 애호되어왔다. 그러나 서구의 과학자들은 글루탐산의 맛을 거의 느끼지 못해서, 수 차례 테스트가 시행되었는데도 "무미(無味)"라는 결론이 내려졌다.

왜 이러한 기묘한 사태가 일어났을까? 그 배경에는 다른 한 가지의 감칠맛 성분의 존재가 있었다. 서구인이 매일 먹는 고기 등의 감칠맛은 이노신산(inosinic acid)이라는 화합물에 의한 것이고, 일본의 육수에 해당하는 부용(bouillon) 등도 이러한 맛이다. 서구인의 혀는 이노신산의 맛에 선천적으로 익숙해져 있었다.

이노신산

이노신산은 글루탐산과 함께 입에 들어가면 상승효과를 일으키며, 감칠맛을 매우 강하게 느끼게 하는 것으로 알려져 있다(이를 위해서 다시마와 가다랑어포를 합쳐서 육수를 내면 매우 맛이 좋아진다). 그러나 이런 작용으로 인해서 서구인에게는 "글루탐산이 단순히 다른 맛을 강화시켜주는 물질이며, 단독의 미각은 아니다"라고 인식되고 말았다.

마침내 감칠맛이 세계적으로 인정받은 것은 실제로 매우 최근의 일이다. 2001년 마이애미 대학교의 연구진이 혀의 맛봉오리(미뢰[味蕾])에 글루탐산을 감지하는 "수용체"가 있음을 증명하여, 감칠맛이 단맛, 신맛 등과 마찬가지로 기본적인 맛이라는 것이 확정되었다. 일본인들에게는 당연하다고 생각되었지만, 이 발견에 각국의 과학자들은 마치 유령의 실재가 증명된 것 같은 놀라움을 표했다. 문화라고 하는 것의 골의 깊이를 다시 한번 느끼게 된다.

이케다의 불행은 그 발견의 가치가 정당하게 인정받지 못했다는 것에 그치지 않았다. 아지노모토의 사업화에 성공하자 "이케다는 돈벌이를 위해서 연구한다"라는 비난이 쏟아졌고, 학자로서의 평판은 크게 손상되고 말았다. 그는 자신의 환갑 축하연회에서 다음과 같은 인사를 했다.

나는 대학의 교수로서 순수 학문의 연구에 전념하여, 그 방면에 업적을 올려야 하는 위치에 있으면서도 태만했던 것을 유감스럽게 생각합니다. 또한 아지노모토의 발견 등은 나의 본의가 아닌 것 중에 하나입니다. 지금부터는 순수한 학문을 좀더 깊이 연구하고 싶습니다. 이과의 교직에 있는 사람은 돈벌이를 첫째로 하는 듯한 연구를 하지 않기를 권유하고 싶습니다.

역사적인 대발견을 완수하여 거대 산업의 기초를 제공한 인물에게 이러한 말을 토로하게 한 세간의 압력은 도대체 어떠한 것이었을까? 학자다운 사람은 청빈해야만 하고, 세속의 사물에 마음을 빼앗기지 않고 진리의 탐구에 한 뜻으로 전념해야 한다는 이런 숨막히는 도리로 무장한 사람들에게서 시샘과 질투를 받은 이케다가 깊이 고뇌했다는 것은 상상하기 어렵지 않다. 글루탐산 발견으로부터 10년 후에 행한 대학 강의에서 이케다는 맛에 대해서 종래의 네 가지 맛을 열거했을 뿐, 감칠맛에 대해서는 한마디도 언급하지 않았다고 한다.

"학자는 청빈에 자족해야 한다"는 분위기는 1세기를 지난 현재에도 일본에 여전히 남아 있다. 2010년에 노벨 화학상을 획득한 스즈키 아키라 박사가 자신의 발견에 대한 특허를 신청하지 않은 것이 "미담"으로 전해지고 있는 것도 그 한 가지 예일 것이다. "당시는 대학에서 특허를 취득하는 관례도 없었고, 그에 대한 대가도 없었다"고 스즈키 박사 자신도 이야기하고 있다. 특허를 취득하여 시장에서 정당한 이익을 얻고, 그 자금으로 연구에 더욱 매진하는 것은 기업 활동과 마찬가지로 취급되어 비난을 당해 마땅한 것이 되었다. 이런 "분위기"가 연구를 정체시키고 새로운 산업의 싹을 뽑아버리는 사례는 오늘날에도 적지 않을 것이다.

편리함이라는 공포

상품으로서의 아지노모토도 또한 이케다의 마찬가지로 고난의 길을 걸어왔다. 스즈키 쇼텐(아지노모토 회사의 전신)의 사장인 스즈키 사부로스케의 교묘한 선전전략으로 판매량이 증가했고, 발매 몇 년 후에는 해외 시장으로 진출할 정도가 되었지만, 머지않아 "아지노모토의 원료는 뱀이다"라는 거짓말에 시달리게 되었다. 소문의 근원이 된 것은 반골의 저널리스트로 알려진 미야타케 가이코츠였다. 그는 각종 잡지에 이 이야기를 게재했고, 자신이 발행한 잡지에 스즈키 쇼텐의 허위광고까지 실어서 거짓을 부채질했기 때문에 지금이라면 완전히 소송감이 되었을 것이다. 스즈키 쇼텐은 "세상에 단언한다. 아지노모토는 결단코 뱀을 원료로 하지 않는다"는 신문광고를 내고, 일반인들을 위한 공장 견학 투어를 기획하는 등 소문의 진압에 나서게 되었다.

1960년대에 아지노모토 회사는 글루탐산의 일부를 석유를 이용한 화학합성품으로 공급받았는데, 이것도 또한 세간의 지탄을 받았다. 그러나 화학의 입장에서 보면 이것은 비난받을 일이 아니다. 원료가 다시마이든 소맥분이든 석유이든 결과물은 모두 글루탐산이라는 분자이며, 여기에는 아무런 차이도 없다. 원료가 무엇이든 원자에는 개성이 없으므로 결합 방법이 같다면 같은 분자이고 구별할 이유가 없다. 그러나 아지노모토 회사는 십수 년에 걸쳐 노력한 결과로 합성법에서 벗어나서, 지금은 사탕수수를 발효하여 생산하는 방법으로 바꾸었다.

그 무렵에 해외에서는 "중국 음식점 증후군"이 화제가 되었다. 중화요리를 먹은 후에 두통, 발한, 심장 두근거림, 현기증, 메스꺼움 등을 호소하는 사람들이 나타났으며, 그 원인으로 글루탐산이 의심을 받았던 것이다. 특히 이런 증상을 호소한 사람들 중에 우연히 미국 의학계 대학의 교수가 있었고, 그는 이 증상을 일류 학술지에 논문으로 투고했다. 이로 인해서 이 문제는 놀라울 정도의 화제가 되었다. 글루탐산은 뇌 안에서 신경전단물질로 작용하기 때문에 대량으로 섭취하면 중추계에 영향을 미친다는 설은 언뜻 보기에는 설득력이 있는 듯한 논리였다.

미국에서도 이미 글루탐산이 스낵 등에 널리 사용되고 있었기 때문에 그 충격은 컸으며, 사용금지를 촉구하는 목소리는 곧 거세졌다. 그러나 그후에 여러 차례 행해진 정밀한 실험에서 이러한 증상과 글루탐산의 섭취는 관련이 없다는 것이 증명되었다. 각국의 식품 과학 위원회 등에서도 검토가 이루어져, 글루탐산은 무관하다는 결론이 내려졌다.

그러나 이러한 거짓말은 한번 퍼지면 좀처럼 수그러들지 않는다. 현재 일본에서도 첨가물의 위험을 지적하는 서적이나 인기 미식가 만화 등에서 중국 음식점 증후군에 대한 이야기는 반복적으로 나타나고 있으며, 공격은 끝없이 계속되고 있다.

일본인은 글루탐산을 좋아하면서도, 왜 그토록 글루탐산의 사용을 기피하는 것일까? 어디까지나 필자의 생각이지만, 요컨대 감칠맛 조미료는 너무나 사용하기 편리하기 때문이 아닐까 싶다. 자신을 감동시키고, 매혹시키는 맛은 엄선된 재료와 갈고닦은 조리기술에 의해서 만들어진 것이라고 생각하는 것이 인지상정이다. 이 욕구가 실제로는 값싼 조미료 하나로 간단하게 실현된다면 뭔가 속은 듯해서 기분이 상하게 되고, 따라서 조미료에 대한 공격으로 이어지게 된다는 것이다. 요리를 하는 쪽으로서도 마치 마라톤 도중에 몰래 차를 타고 결승선을 통과한 것 같은 떳떳하지 못한 느낌이 있어, 우리는 타락이라고 느끼게 된다.

손쉽게 맛있는 요리를 실현할 수 있는 감칠맛 조미료는 문자 그대로 "너무나 달콤한 이야기"일 것이다. 마약이나 손쉬운 돈벌이 이야기에 혐오감을 가지는 것과 마찬가지로 우리는 자신이 모르는 기술로 생활이 편리해지는 것에 본능적으로 공포를 느끼도록 진화된 듯하다. "너무나 달콤한 이야기"에 대한 경계심은 인간의 본능의 상당히 깊숙한 곳에 새겨져 있는 감정일 것이다. 사람들이 새로운 물건의 편리함과 쾌락을 만끽하면서도 한편으로는 이것을 두려워하여 격하게 비난하는 것은 유전자 기술이나 원자력 발전에도 공통적이다.

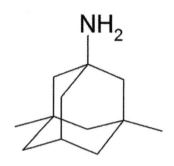

알츠하이머병 치료제인 메만틴(memantine)

그러나 이 "정체를 알 수 없는 달콤한 이야기"에 대한 본능적인 경계심은 인간에게 중요한 것이다. 무엇을 듣자마자 곧바로 믿는 인간들만 있다면, 이 세계는 사기꾼의 천국이 되었을 것이다. 그렇다고 해서 무엇이든 두려워하는 사람들만 있다면, 한 걸음도 앞으로 나아가지 못했을 것이다. "편리함이라는 공포"와 어떻게 함께해서, 어떻게 위험을 판단해가는가는, 현대를 살아가는 우리에게는 매우 중요한 과제임이 분명하다.

한편으로 글루탐산을 둘러싼 과학은 계속해서 엄청난 속도로 진전하고 있다. 근래에는 뇌 안의 글루탐산 수용체에 작용하여 알츠하이머병에 의한 기억력과 사고력의 저하를 개선하는 의학도 등장했다. 일찍이 "글루탐산은 기억과 관련된 물질이고, 많이 먹으면 머리가 좋아진다"라는 속설이 있었지만, 글루탐산의 구조를 더욱 깊이 연구하게 됨으로써, 이 이야기가 형태를 바꾸어 실현되었다고도 할 수 있다.

이 분야에서는 여전히 연구가 진행되고 있으며, 현재 사회적 요청이 가장 높은 알츠하이머병의 치료에 대한 유력한 접근방법의 하나가 되었다. 한편으로 제약회사에도 엄청난 부를 낳는 가장 중요한 최첨단 분야가 되어, 경쟁은 더욱 격화되고 있다.

이러한 "정신"을 조종하는 물질이 발견된 것은 근대 과학 덕분에 가능해진 가장 중요한 발견들 가운데 하나이다. 한편으로 이것은 우리에게 매우 기분이 나쁜 일이기도 하며, 본능적으로 반감을 느끼게 되는 일이기도 하다.

그러나 예전부터 인류는 마음에 작용하는 여러 가지 물질들을 발견해왔다. 사람들이 그 물질들을 탐하고, 활용하고, 남용하기도 함으로써 역사는 크게 움직여왔다. 다음 장부터는 이러한 "정신"과 관련된 물질에 대해서 살펴보도록 하겠다.

제2부

인류의 정신을 움직인 물질들

5

세계를 사로잡은 합법적인 약물—니코틴

매력적인 사기꾼

인간 신체의 구조는 알면 알수록 그 완벽함에 놀라게 된다. 근육의 부착 방법에서부터 분자 수준에 이르기까지 참으로 구석구석까지 훌륭하게 설계되어 있다는 것, 그 심오함에 감탄을 금할수 없다. 생물학자들의 설명에 의하면, 이것은 창조주가 설계한것이 아니라, 무작위적인 변이를 반복하는 중에 생존한 필요한 것이 선택됨으로써 겨우 다다르게 된 결과물이다. 그러나 이런 정묘한 구조가 단지 우연이 거듭되어 완성되었다는 것은 감정적으로는 믿을 수 없다. 생명 탄생 이후 38억 년이라는 시간은 낮은 수준의 시스템을 정교화하는 시간이었던 것이다.

그러나 인간 신체의 정교함과는 반대로 정신 분야는 여전히 합리적인 설명이 불가능한 영역이다. 왜 인간이라는 생물은 위험한일, 몸에 해롭다는 사실을 알고 있는 일을 때로 자진해서 저지르거나, 일부러 몸의 훌륭한 구조를 엉망으로 만들고 마는가? 38억 년에 걸쳐 정교화되어온 신체에 비해서 기껏해야 몇만 년 정도의 역사밖에 가지지 못한 인간 정신에는 어쩌면 아직 발달이 덜된 면이 남아 있는지도 모른다.

예를 들면, 인체는 쓴맛을 감지하기 위한 매우 우수한 센서를 갖추고 있다. 왜 이러한 구조가 생겼는지를 살펴보면, 그중 한 가지는 식물이 만드는 화학 무기인 알칼로이드(alkaloid) 독성을 감지하기 위한 것이었다. 고전 추리소설에 소재로 자주 등장하는 맹독성 화합물 스트리크닌(strychnine) 등이 그 대표적인 물질인데, 매우 강한 쓴맛을 가지고 있다. 한 자리에 붙박여 있음으로써 도망칠 수도 싸울 수도 없는 식물은 이러한 독성물질을 만듦으로써 동물 포식자를 피한다.

알칼로이드는 질소 원자를 가지고 있으며, 이것은 단백질 등에 강하게 결합되는 성질이 있다. 운 나쁘게, 알칼로이드가 신체를 운영하는 데에 필수불가결한 단백질에 들러붙어 그 활동을 멈추게 하면, 어딘가에서 고장이 나고, 악화되면 목숨을 잃게 된다. 알칼로이드의 몇몇 물질들이 신체에 해로운 작용하는 것은 이러한 원리이다. 예를 들면, 스트리크닌은 뇌 안에 있는 글리신(glycine) 수용체라는 단백질에 결합하여, 중추신경을 이상하게 흥분시킴으로써 경련이나 호흡 마비 등을 일으킨다.

한편 질소 원자를 포함한 화합물의 상당수는 염기성을 띠고, 동물은 이것을 쓴맛으로 해석하도록 진화했다. 알칼로이드의 분자 구조는 천차만별이지만, 그중 많은 것이 쓰게 느껴지기 때문에 이 센서는 상당히 잘 기능한다고 할 수 있다.

니코틴

스트리크닌

키니네

LSD(lysergic acid diethylamide)

이와 같이 신체 부분은 정교한 센서를 갖추어 독에 대비하는데, 정신 부분은 어찌된 영문인지 때때로 이들 알칼로이드를 스스로 섭취하기도 한다. 진토닉의 쓴맛은 알칼로이드의 일종인 키니네에서 유래한 것이며, 모르핀, LSD 등의 마약과 환각제를 돈과 시간을 들여 섭취하는 사람들은 끊지를 못한다. 보안 시스템으로 철통같은 경비를 한 집의 주인이 일부러 자택에 사기꾼을 초대하는 것과 마찬가지이다.

이러한 일이 일어나는 것은 그 사기꾼이 상당히 매력적이기 때문이다. 사기꾼은 우호적인 얼굴로 접근하지만, 머지않아 본성을 드러내고 주인을 먹이로 삼는다. 그러한 화합물 중에서 가장 가깝고 유명한 것은 아마도 니코틴일 것이다. 이것만큼 많은 사람들을 매료시켜서 그들의 건강을 해쳐온 화합물은 달리 없을 것이다.

인간, 담배를 만나다

식물 담배(학명 *Nicotiana tabacum*)의 원산지는 남아메리카의 안데스 고지대로 알려져 있다. 그러나 인류가 담배의 매력을 알게 된 것이 언제인지는 정확하지 않다. 안데스와 마야 문명에는 문자 기록이 극히 적기 때문이다.

흡연에 관한 최초의 기록은 7세기경의 마야 문명의 유적에서 발견된 담배를 피우는 신의 부조이다. 그러나 아메리카 북부로부터 브라질에 이르기까지 수많은 부족들이 담배에 관한 신화를 가진 것으로 보아, 고대부터 담배를 즐겨왔던 것은 분명하다.

이들 신화를 보면, 담배는 다툼을 진정시키고 평화를 가져오며, 신과 인간을 연결시켜주는 성스러운 식물로 생각했다는 공통점이 있다. 분노와 조바심이라는 감정을 억누르고, 집중력을 높여주는 니코틴의 작용은 다른 것에서는 얻을 수 없는 것이기 때문일 것이다. 흡입한 성분이 체내를 돌고, 내뱉은 연기가 하늘로 올라가는 모습은 신과 함께 즐거움을 얻은 증거로 생각되었을 것이다.

그들이 애용한 담배는 어떤 것이었을까? 15세기의 기록에 의하면, "몇 종류의 마른 풀을 한 장의 역시 마른 잎으로 싼 것"에 불을 붙여 피웠다(라스 카사스, 『인디언의 역사[*Brevísima relación de la destrucción de las Indias*]』)고 하니, 오늘날 말하는 엽궐련을 즐겼던 듯하다. 한편 북아메리카 대륙에서는 동물의 뿔에 구멍을 낸 것에 담배의 잎을 채워넣어 피웠던 것 같으며, 이것은 파이프의 원형에 해당할 것이다.

또한 니코틴의 흡수를 돕는 석회와 함께 잎을 씹는 "씹는담배", 잎을 분말로 만들어 코로 들이마시는 "코담배"로 보이는 기록도 남아 있다. 인디언들은 다양한 형태로 담배의 효과를 즐겨왔다.

그들에게 담배는 단순히 기호품이 아니라, 종교의식에 없어서는 안 될 물질이었으며, 부족 간의 평화의 의식에는 같은 파이프를 돌려가면서 피우는 관습이 오랫동안 남아 있었다. 서로 술잔을 주고받으며, 약속의 잔을 나누는 것과 같은 의미였을 것이다.

담배는 유효한 의약품이기도 했다. 실제로 니코틴에는 진통효과가 있어서 충치와 입안 상처에 그 즙을 바르거나 관장에 이용하는 등의 형태로 사용되었다. 이로 인해서 농경을 하지 않은 부족조차도 담배만큼은 재배한 사례도 많다.

다만 니코틴은 독성이 강해서 성인이라도 수십 밀리그램을 입으로 섭취하는 것만으로도 치사량이 된다. 우리의 일상생활에 가까이 있는 물질치고는 엄청난 맹독성을 가지고 있으며, 현대에도 유아가 담배를 잘못 먹어 죽음에 이른 사례도 수없이 많다. 인디언들 중에서도 담배로 인해서 목숨을 잃은 사람이 적지 않았을 것이다.

니코틴이란 무엇인가

실제로 니코틴은 담배라는 식물이 곤충의 공격을 방지하기 위해서 만드는 천연의 농약이다. 담배를 담갔던 물을 식물에 분무하면, 진디 등을 말끔하게 구제(驅除)할 수 있다. 이 살충 성분이 인간의 정신에도 작용하는 것이다.

동물의 뇌 안에서는 아세틸콜린(acetylcholine)이라는 신경전달물질이 작용하고 있다. 생각을 하거나 몸을 움직이거나 할 때 아세틸콜린은 뇌의 신경세포들을 연결해주는 역할을 한다. 그리고 니코틴은 아세틸콜린과 마찬가지 역할을 할 수 있다. 이로 인해서 무엇인가를 생각할 때에 니코틴을 섭취하면 신경의 움직임이 활발해져서 깊이 사색할 수 있도록 도와준다.

그러나 니코틴을 외부로부터 계속 보급받게 되면, 서서히 아세틸콜린의 생산력이 떨어져서 담배를 피우지 않으면 사고력이 저하되고 만다. 담배를 1개월가량 끊어야, 아세틸콜린의 생산력이

아세틸콜린(위)과 도파민(아래)

회복된다고 한다.

또한 니코틴은 뇌 안의 측위신경핵(nucleus accumbens)이라는 부위에 작용하여 도파민(dopamine)의 방출을 촉진하고, 이것이 쾌감으로 학습된다. 그러나 담배를 급하게 끊으면 도파민의 생산이 급격히 감소하여 초초함을 유발한다. 이것이 담배를 끊지 못하는 원인이다.

콜럼버스의 선물

아메리카 대륙의 발견자인 콜럼버스는 오늘날에도 역사에 크게 자리하고 있다. 그러나 그의 생전에는 그에 대한 평가가 의외로 높지 않았다. 당시 그가 발견한 신대륙은 유럽 귀족에게는 머나먼 세계의 일이자, 꿈같은 이야기로밖에 들리지 않았던 것이다.

게다가 콜럼버스는 막대한 금은을 가지고 돌아온다고 허세를 부리며 후원자를 모집했지만, 실제로는 금을 거의 발견하지 못했다. 황금이 어디에 있는지를 알아내기 위해서 콜럼버스는 아메리카 원주민을 가혹하게 지배했지만, 이것도 실패로 끝났다. 결과적으로 그는 본국으로 강제 송환되어 모든 지위를 박탈당하고 우울한 나날을 보내게 되었다.

또한 콜럼버스는 자신이 도착한 곳을 인도라고 생각했기 때문에, 한동안 신대륙 발견의 영예도 상인 아메리코 베스푸치에게 빼앗겼고, 신대륙은 그의 이름을 따서 "아메리카"라고 명명되었다. 원래대로라면, 콜럼버스의 이름을 딴 "남북 콜럼버스 대륙", "콜럼버스 합중국"이라는 이름이 지구본에 새겨져야 했을 것이다.

오늘날에도 콜럼버스를 나쁘게 평가하는 사람들이 있는데, 그들은 "그가 유럽에 가지고 돌아온 것은 매독과 담배뿐이다"라고 잘라 말한다. 이 두 가지 물질은 쾌락과 더불어 순식간에 전 세계로 전파되어 결과적으로 수많은 사람들의 목숨을 앗아갔다.

처음으로 대서양을 횡단한 콜럼버스 일행이 겨우 도착한 곳은 카리브 해의 작은 섬인 산살바도르 섬이었다. 원주민들은 하얀 피부의 귀한 손님에게 말린 잎을 여러 장 주었다. 이 만남이 바로 서양 문명과 담배의 첫 만남이었다. 황금을 찾아 모험을 떠난 그들은 실망했지만, 결과적으로 이 말린 잎은 황금을 훨씬 더 뛰어넘을 정도의 막대한 부를 낳았다.

머지않아 일행의 스페인인들 중 몇몇이 원주민들의 방식을 따라서 흡연을 시작했다. 보다 못한 동료들이 원주민 흉내를 그만두라고 말했지만, 흡연자들은 "이미 자신의 의지로 담배를 끊는 것은 힘들다"고 말했다고 한다. 담배는 서양과의 첫 만남과 동시에 빠르게 중독자를 양산했던 것이다.

세계를 사로잡은 알칼로이드

콜럼버스가 가지고 돌아온 담배 종(種)은 신속하게 스페인 각 지역에서 재배되었다. 그 효과를 연구한 세비야의 의사 니콜라스 모나르데스는 담배를 만능통치약으로 인정하여, 널리 선전하기 위해서 노력했다. 소독, 지혈, 좌약 외에 치약으로도 사용되었다 고 하니, 오늘날의 관점에서는 조금 이해하기 어렵다.

프랑스의 주포르투갈 대사였던 장 니코는 본국으로 돌아갈 때, 이 진귀한 식물을 가지고 갔다. 담배는 프랑스 왕비 카트린 드 메디시스의 두통을 치유함으로써 평판을 얻어, "니코의 약"으로 알려지게 되었다. 이렇게 해서 담배를 발견하지도, 발명하지도 않은 니코는 역사상 가장 악명 높은 화합물인 니코틴에 자신의 이름을 남기게 되었다.

이처럼 담배는 처음에 의약으로서 유럽에 보급되었다. 앞으로 살펴보겠지만 이런저런 억압에도 불구하고 담배가 살아남은 데에 는 이런 의약이라는 꼬리표가 큰 역할을 했다.

16세기 후반에는 영국을 거쳐 네덜란드에서 파이프를 이용하 는 흡연이 널리 유행했으며, 30년전쟁(1618-1648)에 의해서 유럽 전역으로 확산되었다고 한다. 북아메리카에서는 버지니아 지역이 대표적인 담배 산지였으며, 담배를 수출하여 얻은 수익은 오랜 기간 식민지의 발전을 지탱하는 힘이 되었다. 머지않아 버지니아는 북아메리카 최대의 식민지가 되었으며, 미국 독립운동에서도 중요한 역할을 했는데, 이 모든 것이 담배에 의한 경제력 때문에 가능했다. 버지니아에는 오늘날에도 세계 최대의 담배 제조사인 필립 모리스 회사의 본사가 있다. 이 회사의 주력상품은 "버지니아"라는 이름을 가졌는데, 이 회사는 지금도 연간 2,500억 달러의 매출을 자랑한다.

담배는 일본에 전국시대(戰國時代 : 1467-1568)에 들어왔으며 프란시스코 사비에르와 함께 온 사람이 입에서 연기를 뿜어내는 모습을 보고 사람들이 몹시 놀랐다는 전승이 있다. 오다 노부나가를 필두로, 스페인-포르투갈 취향의 유행에 의해서 담뱃대를 사용하는 관습이 급속히 퍼져나갔다.

담배의 종(種)이 일본이 들어온 것은 1601년경이다. 병상에 있던 도쿠가와 이에야스에게 스페인인이 헌상한 것이 시작이 되었다. 이에야스는 약에 매우 조예가 깊어, 손수 조제한 것을 가신에게 나누어주었을 정도라고 하니, 외국에서 온 "만능약"에도 큰 흥미를 보였을 것이다. 담배는 에도 시대를 거치면서 서민들에게도 침투하여 각종 흡연기구가 발달하는 등 문화의 중요한 한 부분을 담당하게 되었다.

프랑스 궁정에서 유행한 것은 소위 코담배였다. 담뱃잎의 가루와 향료 등을 섞어서 막대기 모양으로 만든 것을 가지고 다녔는데, 이것을 잘게 갈아서 약간의 가루를 코로 빨아들이는 것이다. 우아하게 흡입한 후에 고상하게 재채기를 하는 것까지도 예의범

절로 정해져 있었다고 한다. 마리 앙투아네트의 소장품 중에는 황금으로 만든 코담배갑이 52개나 있었다고 하니, 그 유행이 상당했던 듯하다. 불을 사용하지도 않고 연기가 나오지도 않는 이 방법은 각국으로 전파되어 18세기에는 파이프 등을 몰아내는 위세를 보였다.

그러나 프랑스 혁명 덕분에 파이프를 피우던 혁명 세력이 코담배로 상징되는 귀족문화를 타도했다. 그리고 1848년에 일어난 3월혁명에서는 시가(엽궐련)를 상징으로 내걸었던 민중이 권리를 쟁취했으며, 이때 코담배의 유행은 폐기되었다. 남의 시선을 신경 쓰지 않고 담배를 피우는 행위는 자유의 상징으로 보였을 것이다. 레닌, 카스트로, 체 게바라 등 혁명가들 중에 시가 애호가가 많은 것은 단순한 우연이 아닌 듯하다.

19세기 후반부터는 시가레트(지궐련)가 등장하여, 단숨에 담배의 왕좌를 차지했다. 편리하고 가지고 다니기 쉬우며 니코틴의 흡수가 빠른 것이 큰 역할을 했다. 시가레트를 한 대 피우면, 대략 10초에서 15초 사이에 니코틴이 전신에 퍼진다. 긴 역사가 고안한 궁극의 흡연 형태이다.

담배 탄압

물론 담배가 언제 어디서든 무조건적으로 받아들여진 것은 아니다. 역사상 처음으로 대규모로 담배를 탄압한 것은 영국의 제임스 1세였다. 그는 1604년 잉글랜드 국왕으로 즉위하자, 곧장 "담배 배격론"이라는 팸플릿을 간행하여 "미개하고 신을 믿지 않는 미천한 이교도의 야만적이고 불결한 풍습"이라고 맹렬하게 흡연 습관을 비난했다.

실제로 그의 담배 탄압에는 복잡한 배경이 있었다. 제임스의 모후인 메리는 엘리자베스 1세에 의해서 처형되었으며, 제임스는 어머니의 적의 후계자로서 잉글랜드의 왕위에 올랐다. 이로 인해서 제임스 1세는 엘리자베스 시대의 정책이나 문화를 뒤집는 것에 열중했으며, 담배도 그 목표물이 되었던 것이다.

제임스는 담배의 관세를 40배 이상 인상하는 극단적인 정책을 취했으나, 이미 담배의 맛을 알게 된 민중이 느닷없이 금연을 할 수는 없었다. 결국 밀수입의 급증을 초래했으며 그의 재위 중에 담배의 소비량이 오히려 늘었다는 이야기도 있다.

1639년에는 네덜란드의 뉴암스테르담 식민지(현재의 뉴욕)에서도 금연령이 내려졌지만, 시민의 격렬한 저항으로 인해서 흐지부지되었다. 오스만 트루크 제국에서는 흡연자는 귀나 코가 잘리는 형벌이나 교살형에 처해졌으며, 제정 러시아에서도 흡연자에게 사형이나 시베리아 추방 등 가혹한 형벌이 가해졌던 시기가 있었다. 그 외에 크롬웰, 루이 14세, 히틀러 등도 담배를 탄압했으나, 이들 역사적 독재자가 강압적으로 탄압했음에도 불구하고 담배를 완벽하게 몰아내는 데에 성공한 예는 없다.

일본에서도 이에야스의 뒤를 이은 제2대 히데타다, 제3대 이에미쓰가 담배의 흡연, 재배, 판매를 일체 금지하는 조치를 내렸다. 이런 조치는 농가가 벌이가 되는 담배 재배에 잇따라 뛰어듦으로써, 식량 부족을 걱정하는 사정이 강하게 작용했던 듯하다. 그러나 다른 외국들과 마찬가지로, 막부의 금지령도 성공을 거두지 못했다. 결국 8대 쇼군 요시무네는 오히려 담배 재배를 장려하고 세금을 거두는 방침으로 전환했다.

담배의 억제를 핑계 삼아 세금을 거두는 일에 주력하는 것은 동서고금을 막론하고 모든 나라들의 공통점인 듯하다. 현재 일본에서는 담배 가격의 60퍼센트가 세금이며, 그 세수는 1조 엔을 넘는다. 담배는 황금보다도 훨씬 더 많은 부를 생산하고 있다.

담배와 문화

이런 사정으로 담배의 다양한 폐해가 알려졌음에도 불구하고 담배는 사라지지 않았다. 한편으로 담배가 문화의 발전에 공헌한 측면도 무시할 수 없다.

작곡가 요한 세바스티안 바흐는 파이프의 애호가였는데, "그 흡연가의 교훈적 사색"이라는 곡을 작곡하여, 담배의 효능을 예찬했다. 아이작 뉴턴도 엄청난 애연가였으며, 알베르트 아인슈타인도 "파이프를 피우는 것은 인생의 모든 문제에 대해서 냉정하고 객관적인 판단을 하는 데에 도움이 된다"고 했다. 심리학의 시조 지그문트 프로이트는 대단한 의지력을 가진 사람이라고 알려져 있지만, "시가를 피우는 근사한 습관을 그만둠으로써 나의 지적 관심이 크게 저하되었다"고 금연한 것을 두고 후회한 것 같다. 이들 외에 근대의 작가, 예술가 등에서는 애연가가 아닌 사람을 헤아리는 것이 빠를 정도이다. 이들 천재의 사색을 니코틴이 도왔다는 것은 부정할 수 없다.

　조르주 비제의 오페라 「카르멘」에서 여자 주인공이 일하는 담배 공장이라는 배경은 주인공이 자유분방한 스페인 여자라는 캐릭터를 보여주는 중요한 소도구가 되었다. 그레타 가르보는 영화 「육체와 악마」에서 입에 물었던 담배를 남자에게 건네주는 것으로 팜므파탈을 훌륭하게 연기했다. 마를렌 디트리히에 이르러서는 남아 있는 그녀의 사진의 거의 대부분이 담배를 손에 들고 있는 사진이다. 일반적으로 담배는 여성에게 자신의 의지와 쾌락에 따라서 살아가는, "자유"를 상징하는 아이템이라고 할 수 있었다.

　한편 남성에게 담배는 "남자다움"의 표현으로 기능한다. 클라크 게이블이나 험프로 보가트 등 유명 배우들의 손에 담배가 없었다면, 많은 관객들을 매료시킨 장면의 인상은 상당히 달라졌을 것이다. 클라크 게이블은 흡연으로 인한 치주질환으로 젊은 시절부터 틀니를 사용했으며, 「바람과 함께 사라지다」 촬영 중에는 비비안 리가 그의 구취를 매우 싫어했다고 한다. 남자다움을 연기하는 대가는 역시 적지 않은 듯하다.

　"자유", "강함"이라는 담배가 가진 이미지는 어디에서 나온 것일까? 수컷 공작이 커다란 꼬리를 가지고 있는 것은 그 정도의 거추장스러운 것을 늘어뜨리고 있어도 충분히 살아갈 수 있는 강한 수컷이라는 것을 과시하기 위함이라고 한다. 이것과 마찬가지로 몸에 해롭다는 것이 알려진 담배를 굳이 피우는 행동을 함으로써, 무서울 것이 없는 건강한 육체를 가진 남성이라는 것을 상징하는 의미가 있는 듯하다. 수컷이라는 것은 어리석은 행동이라는 것을 알면서도 허세를 부릴 수밖에 없는 생물인 듯하다.

또한 침착하게 담배를 피우는 행위는 정신적인 여유가 있음을 보여주는 사인이 된다. 그리고 연기를 뿜어올린다는, 본질적으로 매혹적인 행위를 태연하게 행하는 것은 상대보다 위에 있다는 것을 보여주는 시위행동이다.

담배의 이러한 효과를 가장 유효하게 이용한 사람은 더글러스 맥아더 장군일 것이다. 파이프를 입에 물고 유연하게 비행장에 내려서는 그의 모습은 일본 국민의 마음을 "항복"시켰으며, 새로운 지배자로서의 미국에 대한 인상을 심어주기에 충분했다. 전후 역사에 큰 영향을 준 이 사진은 맥아더가 일부러 예닐곱 번을 찍은 사진들 중에서 고른 것이라고 한다. 그는 사진이 가져다줄 효과를 숙지하고 있었던 것이 분명하다.

담배는 없어질까

담배가 문화의 한 부분을 담당함으로써 수많은 예술작품에 공헌했다는 것이 사실이라고 해도, 유감스럽지만 그 폐해를 상쇄할 수는 없다. 모리 오가이의 여러 명작의 탄생에 그가 사랑한 시가가 공헌했다고 해도, 만약 담배를 피우지 않았다면, 60세의 나이에 사망하지 않고 더 오래 살면서 더 많은 걸작을 남겼을지도 모른다. 냇 킹 콜에서부터 이마와노 키요시로에 이르기까지 담배만 피우지 않았다면, 더 오랫동안 아름다운 음악을 들려주었을 음악

가는 셀 수 없이 많았을 것이다.

담배의 폐해는 일찍이 지적되어왔으나, 본격적인 과학적 증거가 나오기 시작한 것은 20세기에 들어서부터였다. 통계학이 발달한 덕분이기도 하지만, 평균 수명이 늘어남으로써 담배에 의한 만성 질환의 폐해를 확실히 알 수 있게 된 것도 큰 역할을 했다. 많은 상세한 연구를 통해서 담배가 폐암, 후두암 등의 원인이 되는 것은 물론, 협심증, 뇌혈전, 뇌경색과 같은 생명에 직결되는 질환, 인플루엔자나 결핵 등의 감염증의 위험도 증가시킨다는 사실이 알려져 있다. 일본에서는 하루에 담배 한 갑을 피우면 수명이 10년 정도 단축되는 것으로 생각하는데, 담배는 교통사고나 화학물질의 피해 등 온갖 위험과 비교해도 압도적으로 위험성이 높다.

근년에 주목을 받고 있는 질환은 만성폐쇄성 폐질환(Chronic Obstructive Pulmonary Disease, COPD)이다. 이 질환은 대부분 흡연자에게 발생하는 질환으로 폐포(肺胞)가 서서히 파괴되어 호흡이 곤란해지는 병이다. "죽는 것보다도 괴롭다"고 이야기되며, 담배에 의한 폐해 중에서 가장 무서운 것 중의 하나이다. 일본에서는 그다지 알려져 있지 않으나, WHO의 대략적인 계산에 의하면 세계적으로는 사망 원인들 중 네 번째를 차지한다고 하니, 매우 큰 위협이라고 할 수 있다.

금연운동은 특히 근래에 힘을 얻고 있다. 현대는 담배 수난의 시대인 듯하다. 불과 30년 정도 전만 해도 거리 어디에서든 당당하게 담배를 비우던 애연가들이 지금은 건물의 한쪽 구석이나 옥상, 흡연실이라고 하는 좁은 상자 같은 공간 속에 갇혀서 흡연을 할 수밖에 없게 되었다. 필자는 담배를 피우지 않으며, 담배 연기를 몹시 싫어하지만, 현재 상황을 보면 조금은 애연가들에게 동정을 느끼게 된다.

1966년 일본의 성인 남성의 흡연율은 83.7퍼센트로 올라갔지만, 2012년에는 32.7퍼센트로 저하되었다. 다른 나라들의 상황도 비슷하며, 흡연율은 점점 더 낮아지고 있다. 그렇다면 담배는 앞으로 사라지게 될까? 필자는 그렇게 생각하지 않는다. 담배는 인간 정신의 가장 깊은 곳을 파고드는 것이기 때문이다.

지식인들의 담배 옹호론을 읽고 있으면, 다른 문제에서는 치밀한 논리를 바탕으로 명쾌한 판단을 내리는 사람도 "폐암에 걸리는 것은 유전적인 요인이 크다", "불이 붙은 담배에서 피어오르는 연기의 폐해는 무시해도 좋다" 등 통계자료를 무시하고, 한쪽에 치우친 견해를 태연히 기술하는 것에 놀라게 된다. 인간은 누구든 자신이 좋아하는 것의 장점을 과도하게 받아들이고 단점에는 눈을 감게 되지만, 담배는 그 편견을 최대한으로 끌어내는 힘을 가진 듯하다.

이 책에서는 인류가 어떤 방법으로 각종 화합물을 생산하고, 사용해왔는지를 기술하고 있다. 그러나 니코틴에 관해서는 화합물 쪽이 인류를 조종해왔던 것 같다.

바이러스는 다른 생물에 기생하여 그 증식 시스템을 빼앗아 자신을 복제한다. 물론 그들에게는 숙주를 조종하거나 해를 입히려는 의지가 없다. 다만 결과적으로 그렇게 될 뿐이다.

이와 마찬가지로 니코틴은 인간의 정신을 잠식하는데, 쾌락의 중추신경을 자극함으로써 자신을 양산시켜왔다. 말하자면 정신에 대한 바이러스와 마찬가지 존재인 셈이다. 바이러스는 독성이 높으면 숙주가 금세 죽기 때문에 증식효율이 높지 않다. 이로 인해서 장기간에 걸쳐 유행하는 병원체는 독성이 완만한 것이 많다.

그 외에도 인간에게 쾌락을 가져다주는 알칼로이드는 다수가 있지만, 모르핀이나 코카인은 해독이 너무나 커서 폭넓게 사회에 받아들여진 적이 없었다. 니코틴이 "성공한" 것은 적당한 쾌락과 독성 때문일 것이다.

바이러스 중에는 숙주인 생물에게 이익을 제공하며 공존하다가 결과적으로 통째로 생명의 시스템에 편입된 것들도 있다. 마찬가지로 담배도 수백 년간 인간사회에 녹아들어 시스템의 일부가 되고 말았다. 오늘날과 같은 스트레스 사회가 계속되는 한, 니코틴에 의한 힐링이 필요한 상황도 사라지지 않을 것이다. 인류와 니코틴의 "공생" 관계는 니코틴을 찾는 사람이 있는 한, 언제까지고 지속될 것이다. "필요악"이라는 말을 화학 구조식으로 바꾸면, 니코틴 분자의 형태가 될지도 모른다.

6

역사를 흥분시킨 물질—카페인

편애를 받은 비밀

일본의 음료업계에는 "센미츠(千三つ)"라는 말이 있다고 한다. 1,000개의 신제품을 출시해도 살아남아 시장에 정착하는 것은 겨우 3개 정도뿐이라는 의미이다. 확실히 이 정도로 제품의 순환주기가 빠른 업계는 그다지 많지 않을 것이다. 계절마다 다수의 상품이 등장하고 사라지는 모습을 보고 있으면, 음료에 대한 사람들의 기호와 흥미가 얼마나 쉽게 바뀌는지 실감할 수 있다.

그러나 문화와 시대의 벽조차 뛰어넘어 전 세계에서 사랑을 받고 있는 스테디셀러도 몇몇 존재한다. 그 대표선수를 꼽으면, 커피, 홍차, 녹차 그리고 근래에는 콜라를 들 수 있을 것이다. 연간 생산되는 커피를 모두 자루에 넣어 한 줄로 세우면, 지구를 세 바퀴 반을 돌 수 있다. 차는 물 다음으로 세계에서 많이 마시는 음료수이며, 콜라는 전 세계에서 하루에 15억 병이 소비된다. 이 음료들의 인기는 다른 음료수들을 완전히 압도한다.

이들 음료에는 한 가지 공통점이 있다. 모두가 카페인을 듬뿍 함유하고 있다는 것이다. 우리는 크게 의식하지 못하지만, 500밀리리터의 콜라에는 50밀리그램 정도의 카페인이 들어 있으며, 그 농도는 홍차, 녹차 음료에 필적하는 수준이다. 또한 역시 세계를 사로잡은 과자인 초콜릿에도 카페인과 그 유사체가 다량 함유되어 있다. 이처럼 편애를 받는 카페인의 비밀은 도대체 무엇일까?

차의 기원

카페인은 우선 동양에서 먼저 보급되었다. 전설에 의하면 최초로 차를 달여서 마신 사람은 고대 중국의 신화에 나오는, 제2대 왕인 신농(神農)이라고 한다. 그는 온갖 풀을 맛보고 독인지 약인지를 조사했다고 하며, 약의 신으로 알려져 있다.

신농이 물을 끓여서 마시려고 했을 때, 우연히 찻잎이 물 잔에 날아들었는데, 그 청량감과 자극을 체험한 것이 차를 마시는 습관의 시작이었다고 한다. 다른 일설에 의하면 신농은 독초를 맛본 후에 차를 복용하여 그 독성을 해독했다고도 한다.

신농은 기원전 2700년경에 존재한 것으로 알려져 있으나, 현재는 실존 인물이라고는 생각되지 않는데, 이런 에피소드도 신화의 일종일 것이다. 다만 차가 고대부터 약초로서 사용되어왔다는 방증으로 삼을 수 있을 것이다.

차의 보급을 촉진시킨 것은 불교와 도교의 수행자들이었다. 그들은 정신을 도야하고 집중력을 향상시켜주는 차의 작용이 명상

수행에 도움을 준다고 생각하여 적극적으로 차를 마셨다. 불교가 전파된 범위는 차가 애용되는 동아시아 지역과 중첩됨으로써 카페인의 존재는 석가의 가르침을 널리 알리는 데에 상당한 공헌을 한 것 같다.

차에 관한 신뢰할 만한 첫 기록은 기원전 1세기에 전한(前漢)의 왕포가 지은 「동약(僮約)」에 등장한다. 이 무렵에 차는 이미 상품으로 확립되었으나, 아직은 귀중품이었다. 약 300년 후의 시대를 그린 『삼국지연의(三國志演義)』는 유비가 병이 난 어머니를 위해서 고가의 차를 힘들게 구하는 장면으로 시작된다. 이 시대에 차는 아직 기호품이 아니라 어디까지나 의약이었던 것이다.

카페인의 약리

카페인은 지금도 의약으로 사용되고 있다. 기관지를 확장하기 때문에 천식에도 효과가 있으며, 편두통의 치료에도 효과가 있다. 감기약에 카페인이 들어 있는 것은 그 진통 보조작용을 기대하기 때문이다.

독과 약은 종이 한 장 차이라고 이야기하지만, 카페인에도 독성이 있다. 커피 35잔 분의 카페인이면 중독증상이 나타나며, 80잔 분의 카페인이면 절반이 사망에 이르기 때문에 생각했던 것보다 강한 독성을 가지고 있다(물론 평상시에 마시는 양으로는 영향을 받을 정도의 양을 섭취할 가능성은 없다. 그러나 카페인은 체내에 축적되지 않으며 한꺼번에 비상식적인 양을 섭취하지 않는 한 아무런 문제도 없다).

또한 약하기는 하지만 의존성도 있으며, 중독자는 카페인을 끊으면 두통, 피로감, 집중력 저하 등의 증상을 겪는다(필자에게도 살짝 그런 기미가 있다). 영향을 받는 것은 인간뿐만이 아니다. 예를 들면 거미에게 카페인을 투여하면, 술에 취한 듯이 말끔한 집을 짓지 못한다고 하니 재미있는 결과이다. 카페인은 여러 가지 측면에서 볼 때 훌륭한 "약"이다.

카페인의 정신 고양

다시 중국으로 돌아가보자. 차가 기호품으로 보급되기 시작한 것은 당대(618-907)이며, 수도 낙양에는 많은 찻집들이 있었다고 한다. 760년경에 육우가 지은 『다경(茶經)』은 10장 3권으로 된 대저이며, 차에 관한 도구나 기술이 상술되어 있는 차 문화를 집대성한 책이다.

문인들은 차를 마심으로써 정신을 고양시켜 시를 쓰거나 글을 쓰는 데에 힘썼다. 요컨대, 약의 작용으로 정신 고양이 되었기 때문이다. 이것은 마리화나나 LSD를 복용한 후에 사이키델릭 아트(psychedelic art)를 창작한 히피 운동과 통하는 부분이 있다.

차를 마셔서 고양 상태에 이른다는 것은 허풍이라고 생각될지도 모르지만, 예를 들면 당대의 시인 노동은 차의 효능에 대해서 다음과 같은 구절이 포함된 시를 남겼다.

一碗喉吻潤(일완후문윤) : 첫째 잔은 목과 입을 적셔주고

二碗破孤悶(이완파고민) : 둘째 잔은 외로운 시름을 깨뜨리고

三碗搜枯腸(삼완수고장) : 셋째 잔은 메마른 창자를 찾아가니

惟有文字五千卷(유유문자오천권) : 뱃속에는 오천 권의 문자
　만 남게 되었네

四碗發輕汗(사완발경한) : 넷째 잔은 가벼운 땀을 나게 하여

平生不平事(평생불평사) : 평생의 불평불만을

盡向毛孔散(진향모공산) : 모두 모공으로 흩어져 나가게 하네

五碗肌骨淸(오완기골청) : 다섯째 잔은 살과 뼈를 맑게 해주고

六碗通仙靈(육완통선령) : 여섯째 잔은 신선의 경지와 통하게
　하네

七碗喫不得也(칠완끽부득야) : 일곱째 잔은 마실 수도 없으니

唯覺兩腋習習淸風生(유각양액습습청풍생) : 양편 겨드랑이에
　맑은 바람이 이는 것을 깨닫게 되네

　상당한 경지에까지 이르러 있지만, 반드시 너무 과장된 묘사라
고 할 수도 없을 듯하다. 우리의 체내에는 아데노신(adenosine) 수
용체라는, 말하자면 열쇠 구멍과 같은 단백질이 있다. 여기에 아
데노신이라는 체내 물질이 열쇠처럼 결합됨으로써 신호가 전달되
고, 흥분이 가라앉아 진정작용이 생긴다.

　그런데 카페인은 아데노신 대신에 열쇠 구멍에 들어가서 그 작
용을 방해한다. 결과적으로 몸은 흥분상태가 되어 심근수축력의
증대와 운동기능의 항진 등이 일어난다. 영국의 연구에서는 1500

카페인

아데노신

미터 달리기 선수에게 350밀리그램의 카페인을 투여하자, 기록이 평균 4초 빨라졌다고 한다. 따라서 많은 경기에서 카페인을 감시 약물로 지정하고 있다.

그러나 평상시부터 카페인을 섭취하면 카페인에 대응하여 뇌 안의 수용체가 증가한다는 것이 밝혀졌다. 카페인에 익숙하지 않았던 시대의 사람들에게는 수용체의 수 자체가 적어, 우리보다 훨씬 더 차나 커피가 "효과적"이었을 가능성이 있다. 현대인도 처음 카페인을 섭취했을 때에는 강한 심장박동 상승과 혈압 상승이 관찰되지만, 횟수가 늘어남에 따라서 점차 안정된다.

실제로 카페인의 세례를 늦게 받았던 서구 국가들에는 지금도 카페인 내성이 낮은 사람이 적지 않다. 이로 인해서 일본에서는 거의 팔리지 않는 디카페인 커피가 구미에서는 제법 인기를 끌고 있다. 요컨대, 각종 화합물에 노출됨으로써 생명의 메커니즘까지도 영향을 받는다는 것이다. 아마 카페인 이외에도 이런 현상을 일으키는 것이 있을 것이다. 과장해서 말하면, 당나라 때의 사람들과 현대인은 몸의 구성이 달라졌을 가능성도 있다. 이 현상을 두렵게 생각하거나, 생체 시스템이라는 것은 어떤 환경에든지 유연하게 적응할 수 있다고 감탄하거나 하는 것은 듣는 사람의 생각에 따라서 다를 것이다.

일본과 차

견당사(遣唐使)가 일본에 차를 가지고 돌아온 것은 8세기라고 한다. 이 신기한 음료는 순식간에 보급되어 가마쿠라 막부(鎌倉幕府, 1192-1333) 시기에는 "투차(鬪茶)"가 유행했다. 오늘날의 포도주 시음과 흡사한 투차는 마신 차를 비교하여 그 산지를 알아맞히는 것이었다. 투차는 세련된 신사의 기호가 아니라 고가의 상품을 건 거친 무사(武士)들의 게임이었다고 보아야 할 것이다. 후에 무로마치 막부(室町幕府, 1336-1573) 시대부터 금지령이 내려졌을 정도로 투차의 열풍은 점점 더 거세졌다. 여기에도 카페인의 정신 고양작용이 발휘되었던 것이다.

온난습윤한 일본의 기후는 차의 재배에 적당하여, 서민에게도 상당한 속도로 차를 마시는 습관이 보급되었다. 무로마치 시기부터는 다인(茶人)들이 출현하여 다도(茶道)가 성립되었다. 고요하고 깊은 정신세계를 지향하는 다도는 가마쿠라 시기의 거칠었던 "투차"와는 정반대이며, 언뜻 보기에도 같은 차를 마시는 문화라고는 생각할 수 없을 것 같다. 다만 실제로 열광과 각성은 정신을 고양시킨다는 의미에서는 같은 것으로 이 둘은 종이 한 장의 차이이다.

어쨌든 일본 문화의 중요한 기둥인 다도 정신의 성립에 카페인 작용이 큰 기여를 했다는 것은 분명한 사실이다. 열광과 각성을 촉진하는 카페인의 불가사의한 양면성은 이후 세계 각국의 역사에 커다란 영향을 주었다.

서양으로의 침투

한편 유럽 세계가 카페인의 세례를 받게 된 것은 아시아보다 훨씬 더 늦은 16세기에 들어서였다. 카페인의 서양 세계 침투의 선두가 된 것은 차도 커피도 아닌 카카오였다. 카카오콩은 원산지인 마야와 아스텍 지역에서는 음료의 재료로서는 물론이고 신비한 힘의 상징으로서 종교의식에도 꼭 필요한 존재였다. 카카오 나무의 학명인 *"Theobroma cacao"*는 "신들의 음료 카카오"를 의미한다.

카카오를 서양에 가져온 사람이 콜럼버스라고도, 아스텍의 정복자 코르테스라고도 이야기되지만, 정확한 증거는 없는 듯하다. 여하튼 16세기 중반에는 스페인인이 걸쭉한 액체인 코코아에 설탕을 넣어 달콤하게 마시는 방법을 고안했다. 신세계에서 온 귀중한 탄소화합물을 조합하여 탄생한 이 음료는 권력의 상징으로서도 인기를 끌었으며, 17세기 중반까지 유럽을 석권했다.

테오브로민

코코아를 고형화하여 만든 초콜릿이 탄생한 것은 의외로 얼마 되지 않은 시기인 1847년이었다. 영국 브리스톨에서 약국을 운영하던 조지프 프라이가 카카오 매스(cacao mass)에 코코아 버터를 더해서 굳힌 것이 초콜릿의 시작으로 알려져 있다. 이렇게 탄생한 초콜릿은 개선되어 순식간에 세계를 제압했다.

카카오는 카페인과 미세하게 구조가 다른 화합물인 테오브로민 (theobromine)을 다량 함유하고 있다. 그 작용은 카페인에 비해서 약간 약하지만, 함께 먹으면 효과가 강력해진다. 또한 테오브로민에는 포스포디에스테라아제(phosphodiesterase) 저해작용, 즉 비아그라와 유사한 작용이, 극히 약하지만, 존재한다. 게다가 카카오에는 페닐에틸아민(phenylethylamine)이라는 성분이 들어 있는데, 이 성분은 뇌 안에서 쾌락을 담당하는 도파민의 양을 증가시킨다.

초콜릿은 이뿐만 아니라 설탕과 지방이 듬뿍 들어 있어 쾌락물질의 덩어리이므로, 먹지 않고는 배길 수 없는 것도 당연하다. 원래는 미약(媚藥)으로서 인기를 끌었고, 오늘날에는 사랑을 고백할 때에 상대방에게 주는 과자의 지위를 얻은 것은 그 성질 덕분인지도 모른다.

커피의 등장

차가 아주 오래 전부터 인류에게 익숙한 것이었던 데에 비해서 커피의 역사는 생각보다 길지 않다. 원산지인 에티오피아 부근에서는 상당히 오래 전부터 약초로서 사용되었던 흔적이 있지만, 음료로서의 커피에 대한 기록은 15세기가 되어서야 겨우 등장한다. 이렇게 전 세계에서 사랑받는 음료가 수백 년 전까지는 잘 알려지지 않았다는 것은 조금 불가사의한 일이다.

이렇게 된 데에는 커피 원두가 구수한 냄새가 아니라, 풋내밖에 나지 않는 것이 하나의 원인일 것이다. 커피는 원두를 볶아야만 아미노산과 다당류가 분해되어 그 맛과 색을 내게 된다.

단단한 커피 원두를 볶아서 가루로 만들고, 이것을 뜨거운 물로 추출하여 마시는 복잡한 단계들이 어떻게 발견되었는지는 상당한 수수께끼이다. 그 기원에 대해서는 다양한 전승이 있지만, 산불 덕택에 최초로 커피를 로스팅하게 되었다는 이야기가 있다. 불에 탄 커피 원두가 구수한 향을 뿜어낸다는 사실이 발견되어 누군가가 호기심에 그 맛을 보게 되면서부터 커피의 작용에 눈을 뜨게 되었을 것이다.

커피는 우선 이슬람 세계를 정복했다. 16세기 초반 대도시 카이로와 메카에서는 커피를 마시는 카페가 일반적이었다. 상당한 인기로 인해서 이슬람권에서는 그후에 여러 번에 걸쳐 커피 금지령이 내려지기도 했다. 금지령의 근거는 표면상으로는 종교적인 것이었지만, 아마 사람들이 카페에서 정치를 비판하고, 폭동을 모의했던 것이 큰 이유였을 것이다. 카페가 혁명의 온상이라는 지배자들의 근심이 아주 기우였던 것만은 아니라는 사실은 이후의 역사가 증명하고 있다.

17세기에는 커피가 드디어 유럽에 상륙했다. 처음에는 커피를 이슬람의 음료라고 해서 싫어하는 사람도 많았고, 성직자들은 교황 클레멘스 8세에게 이 시커먼 음료에 대한 금지를 청원했다. 클레멘스는 결단을 내리기 전에 커피를 한 모금 마셔보았다. 웬일인지 그는 그 향기와 효능을 마음에 들어한 듯하며, 커피에 "세례"를 주어 그리스도교도의 음료로 공인했다. 도대체 어떤 의식이 치러졌는지 궁금하다.

세례를 받은 후에도 강렬한 각성효과를 가진 커피에 대한 거부반응은 계속되었다. 포도주와 맥주 업자들은 강력한 경쟁자의 보급을 방해하기 위해서 다양한 수단을 강구했다. 그중에서도 커피를 가장 강력하게 반대한 사람은 프로이센의 프리드리히 대왕이었다. 그는 커피 수입으로 인한 부의 유출과 당시의 의사들이 경고한 건강상의 피해를 두려워하여, 금지령, 세금, 특별경찰대 등의 생각할 수 있는 모든 수단을 동원하여 커피를 통제하려고 했다.

금지운동도 없이 커피를 받아들인 유일한 나라는 네덜란드였다. 당시의 고명한 의사 코르넬리스 본테쿠는 커피의 효용을 열심히 설명했고, 하루에 적어도 10잔을 마시고 그것을 50잔, 100잔, 200잔으로 늘려가라고 했다. 당치도 않는 이야기이지만, 실제로 커피를 수입하는 동인도 회사로부터 그는 거액의 사례비를 받은 듯하다. 현대의 건강식품 등에서도 교수나 박사의 권위와 지위를 이용한 광고를 자주 볼 수 있지만, 이런 전략도 오늘날에 시작된 것은 아닌 듯하다. 선전도 효과를 발휘해서 커피는 서서히 유럽 각국에 받아들여지게 되었다.

당시의 서구에서는 아침 식사를 할 때에도 도수가 낮은 포도주나 맥주를 마셨는데, 커피가 이것들을 대신하게 되었다. 머리를 맑게 해주고 지각력을 날카롭게 해주는 커피는 이성의 시대에 어울리는 음료로서 받아들여졌다.

커피는 유럽 문화에 강력한 충격을 주었다. 발자크는 진한 커피를 마시면서 작품을 썼고, 마지막에는 커피 분말을 직접 탐식했다. 철학자 볼테르 또한 열광적인 커피 애호가로 하루에 수십 잔의 커피를 마셨다고 하는데, 사람에 따라서는 치사량에 해당할 수도 있는 양이었다. 이 경지는 아마 굉장한 약물 중독자의 영역일 것이다.

바흐의 「커피 칸타타」는 커피를 좋아하는 딸과, 어떻게 해서든지 커피를 끊게 하려는 아버지와의 대화를 코믹하게 그려낸 작품이다. 주인공 리스헨은 "아, 커피는 어쩜 그렇게 맛있을까! 천 번의 키스보다 더 황홀하고 마스카트 포도주보다 더 달콤하다"라고 노래하고, 커피를 끊지 않으면 외출도 금지하겠다고 위협하는 아버지에게 "아무 상관없어요. 커피만 준다면"이라고 대꾸한다. 당시 유럽에는 이런 수준의 중독자가 많았던 것이다.

괴테도 커피 중독자들 중 한 명으로 어떻게든 섭취량을 줄여보려고 노력했던 듯하다. 중년기 이후 그는 의학과 자연과학에도 흥미를 가지게 되어 커피의 작용을 해명할 수 없을까 고민했다. 괴테는 어느 날 잘 알고 지내던 젊은 화학자 프리드리히 페르디난트 룽게에게 커피의 유효성분을 추출해보면 어떻겠느냐고 권했다. 대문호 괴테의 직접적인 권유로 작업을 시작한 룽게는 시행착오 끝에 훌륭한 카페인 결정화에 성공하여 역사에 그 이름을 남기게 되었다. 시인과 화학자의 만남이 카페인 발견의 계기가 되었다는 것은 실로 상징적인 사건이 아닐 수 없다.

이렇게 유럽 전역을 휩쓴 카페인의 큰 파도는 18세기 파리에서 하나의 정점에 이른다.

카페에서 시작된 혁명

당시 파리의 카페는 계몽사상의 거점이었다. 디드로는 카페를 사무실 대신에 사용하여, 볼테르, 루소 등과 함께 『백과전서 (_Encyclopédie_)』를 편집했다. 그러나 이러한 사상의 진보와는 반대로 왕정의 부정적인 영향은 확대되어만 갔다. 카페는 급진적인 연설이 행해지고, 정부 타도의 목소리가 넘치는 장소가 되었다.

1789년, 민중의 신뢰를 받던 재무장관 네케르의 파면을 계기로 사람들의 분노는 결국 폭발하게 되었다. 젊은 변호사 카미유 데물랭이 카페의 테이블 위에 뛰어올라 "민중이여, 무기를 들어라!"라고 외쳐 민중을 선동함으로써 파리는 혁명의 전쟁터가 되었다. 이틀 후에 민중은 바스티유 감옥을 습격했고, 이를 기점으로 하여 프랑스 혁명이 시작되었다.

혁명의 혼란 중에 등장한 영웅 나폴레옹도 커피를 즐겨 마셨다. 그는 각성효과에 착안하여 커피를 군대의 음료로서 처음으로 정식 채택했고, 많은 싸움을 승리로 이끌었다. 세계사의 거대한 전환점이었던 프랑스 혁명은 카페로부터 시작하여 커피와 함께 혁명을 세계사적 규모로 확대시켰다.

혁명의 소용돌이가 휩쓸고 지나간 19세기 이후 파리에는 카페 문화가 꽃을 피워 각국으로부터 모여든 천재들이 논의의 불꽃을 튀겼다. 20세기가 되면 피카소, 샤갈, 헤밍웨이, 스트라빈스키 등이 파리에 나타나는데, 진정 그들이 같은 시대, 같은 거리에서 살았을까라고 생각할 정도로 화려한 면면이다. 그들은 이런 논의의 충돌을 계기로 시대의 획을 긋는 작품들을 창작했다. 이것은 카페인이 일으킨 또 하나의 혁명이라고 말해도 좋을 것이다.

홍차와 영국 신사

유럽이 커피를 받아들이게 된 것과 동시에 차도 중국으로부터 상륙했다. 배에 실린 녹차가 열대지방을 지나는 도중에 선내의 창고에서 발효되어 홍차가 탄생했다는 유명한 에피소드는 아마 지어낸 이야기일 것이다. 홍차는 채취한 찻잎을 건조시킨 뒤에 비벼서 완전하게 발효시켜서 만든다. 일단 완성된 녹차는 다소 더운 날씨만으로 홍차가 되지는 않는다.

유럽 대륙이 커피에 열광한 것에 비해서 홍차는 영국을 정복했다. 커피 유행의 파도가 도달하기 전에 차의 거대 산지였던 인도를 식민지화했기 때문이다. 상류계급에게는 우아한 사교술을 표현하기 위한 도구로서, 노동자 계급에게는 근무 시간의 졸음을 방지하기 위한 음료로서 홍차는 호평을 받았다. 가격이 비싸고 새로운 상품이었던 홍차에는 품질이 조악한 것도 많았고, 양을 늘리기 위해서 동물의 배설물을 섞는 일까지 있었다. 레몬, 우유, 설탕을 첨가하는 습관은 조악한 품질의 차의 맛을 감추기 위해서였다는 이야기도 있다.

차는 한랭한 기후에서는 자라지 않아, 오늘날에 이르기까지 유럽에서는 차 재배에 성공하지 못했다. 19세기에 영국은 차 소비량의 대부분을 중국으로부터의 수입에 의존할 수밖에 없었으므로, 강대한 영국 경제도 압박을 받았다. 무역불균형을 해소하기 위해서 그들이 채용한 정책은 마약인 아편을 중국에 판매하는 것이었다. 영국에 의한 "신제품"의 체계적인 대량생산, 교묘한 판매방식은 책의 "서론"에서도 기술한 바 있다. 궁정에서부터 서민에 이르기까지 아편에 중독되어갔으므로 아편 유통을 금지시켜려고 한 청 왕조와, 아편무역을 강행하려는 영국과의 사이에서 발발한 것이 바로 아편전쟁이다.

말하자면 아편전쟁은 카페인과 모르핀(아편의 주요 성분)이라는 "약품"의 판매 충돌이 불러일으킨 전쟁이었다. 보다 강력한 약품을 가져온 영국이 청나라를 파괴했다. "클레오파트라의 코가 조금만 낮았다면 역사는 바뀌었을 것이다"라는 유명한 말이 있지만, 카페인의 구조에서 탄소가 1개만 부족했더라도 지금의 세계 지도는 크게 달라졌을 것이다.

지배자는 가도 카페인은 남는다

그 이전에 차는 또다른 세계사의 대사건에 영향을 주었다. 1773
년 영국 본국의 징세제도에 분노한 보스턴 시민은 동인도회사의
홍차를 대량으로 바다에 투기하는 행동에 나섰다. 이것이 그 유명
한 보스턴 차 사건(Boston Tea Party)으로, 미국 독립의 계기가 되
었다. 이 사건에는 영국 신사가 애호했던 차를 바다에 투기함으로
써 모국으로부터의 정신적인 독립을 주장하는 의미도 포함되어
있었다.

미국인은 이 사건 이후 홍차를 멀리하고 커피를 마시게 되었으
며, 결국 콜라를 발명했다. 강대한 대영제국의 지배로부터 벗어났
지만, 카페인의 매력으로부터는 벗어나지 못한 듯하다.

1979년 이란에서는 호메이니를 지지하는 세력이 미국이 지지
하는 팔레비 국왕을 축출하는 혁명이 일어났다. 이때 미국 자본의
기업도 추방되었고, 그 문화의 상징인 콜라도 축출되었다. 그러나
이란인은 그 공장을 그대로 이용하여 "잠잠(zamzam) 콜라"를 발
매했으며, 이것은 "이슬람인의 콜라"로서 지금은 국민적인 음료가
되었다. 카페인이라는 물질은 시대와 인종을 뛰어넘어 사람을 매
료시키는 힘을 가지고 있다.

1980년대부터는 펩시와 코카콜라 이 두 브랜드 사이에 "콜라
전쟁"이 발발했다. 노골적인 비교 광고, 도발적인 캠페인이 계속

해서 전개되었다. 양사 제품은 우주선에도 실리는 등 전장은 오늘날 우주 공간과 온라인 공간에까지 확대되어 격렬한 상업 전쟁은 멈출 줄 모르고 계속되고 있다.

최근 세계적으로 유행하고 있는 에너지 음료도 그 효과는 카페인에 의한 것이 대부분이며, 그중에는 콜라의 5배 이상의 카페인을 함유하고 있는 것도 있다. 현재 전 세계에서 생산되는 카페인 양은 연간 12만 톤에 달하며, 세계 인구의 90퍼센트가 매일 카페인을 소비하고 있다. 카페인이 얼마나 강한 욕구를 불러일으키며, 부를 창출하는지를 보여주는 증거이다.

인류는 수천만 가지의 화합물을 발견해왔지만, 카페인만큼 효율이 높으면서도 인체에 해가 적은 화합물은 달리 눈에 띄지 않는다. 노인부터 아이까지 카페인을 즐기는 것은 물론, 앞에서 말한 것처럼 신체의 구조마저 카페인의 섭취에 맞게 변화되어왔다. 이제 카페인은 사회의 일부, 경제의 일부라고 할 수 있을 정도로 아니, 그 정도를 넘어서 우리의 신체의 일부로 편입되었다고 할 수 있지 않을까? 카페, 편의점, 자동판매기 등 거리에 점점 늘어만 가는 "카페인 보급소"를 보고 있으면, 이런 생각을 금할 수 없다.

7

"천재 물질"은 존재하는가? — 요산

통증의 결정

천재의 존재는 인간사회에서 최대의 미스터리 중의 하나이다. 특출한 업적을 거두고, 역사의 흐름조차 바꾸어버리는 극소수의 걸출한 인물들. 보통사람들과 그들을 나누는 것은 무엇일까? 천재는 만들어지는 것일까? 이 주제는 다양한 분야의 과학자들을 매료시켜왔다.

그 연구 중에서 최근 천재의 출현에 크게 관여한다고 일컬어지는 물질 중의 하나가 주목을 끌고 있다. 그 물질의 이름은 요산(尿酸, uric acid)이다. 통풍(痛風)의 원인으로서 애물단지 취급을 받고 있으며, 반짝이는 재능과는 전혀 인연이 없어 보이는 물질에 대해서 왜 "천재 물질"이라는 이야기가 나온 것일까? 그 내용을 살펴보기 전에 우선 통풍이라는 병에 대해서 알아볼 필요가 있다.

결정(結晶)이라는 말은 "다이아몬드 결정", "사랑의 결정" 등 순수함과 아름다움의 상징으로 사용되고 있다. 그러나 인체에서의

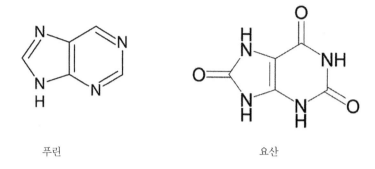

푸린   요산

결정은 대부분 불필요한 것이다. 신장에 발생하는 옥살산 칼슘 (calcium oxalate)의 결정이 신장 결석이며, 콜레스테롤의 결정이 담낭이나 담관에 생기면 담석이 된다.

요산은 물에 잘 녹지 않는 물질이므로 신체의 이곳저곳에서 석출(析出)하여 질병을 일으킨다. 요로 결석 등의 원인이 되는 것 외에 관절의 틈새에서도 석출하기 쉽다. 이 딱딱한 침상결정(針狀結晶)이 이물질로 인식되어 염증을 발생시키는 것이 통풍인데, 일설에는 바람이 불기만 해도 통증이 느껴지기 때문에 이런 이름이 붙게 되었다고 한다. 그 아픔은 골절 이상이라고도 이야기되며, 발생하면 수면 부족 등으로 인해서 생활의 질이 저하된다.

후술하는 바와 같이 통풍의 발생에는 유전적인 요인, 또는 환경과 성격 등도 큰 영향을 미친다. 그러나 통풍의 중요한 위험요소는 음식이다. 이 때문에 오래 전부터 황제병이라고 불려왔다. 식품에 함유된 "푸린체(purine body)"라고 불리는 성분이 체내에서 산화대사를 통해서 요산으로 변환된다. 푸린체는 새우, 생선의 알, 동물의 간 등 미식의 재료에 많으며, 멸치와 가다랑어포 등에는 특히 다량의 푸린체가 들어 있다. 또한 맥주를 비롯한 주류는 통풍의 발생 위험을 크게 높인다.

푸린체는 탄소와 질소가 앞의 그림과 같이 연결되어 있는 "푸린 골격"을 가진 화합물의 통칭이다. 약간 까다로운 구조로 보이지만, 실제로는 모든 생물에게 꼭 필요한 역할을 담당하고 있다. DNA는 아데닌(adenine, A), 티민(thymine, T), 사이토신(cytosine, C), 구아닌(guanine, G)의 4종의 핵산염기가 쌍을 이루어 배열된 것으로, 그중에서 아데닌과 구아닌은 푸린 골격을 가지고 있다. 즉 우리의 유전정보의 절반은 푸린체가 담당하고 있는 셈이다.

또한 체내에서 에너지 화폐로서의 역할을 하면서, 에너지의 보존과 합성에 관여하는 아데노신삼인산(adenosine triphosphate, ATP)이나 전령으로서 활동하는 고리형 AMP(cyclic AMP[adenosine monophosphate]) 등 푸린 골격을 가진 중요 물질은 너무 많아서 일일이 열거할 수 없을 정도이다.

언뜻 복잡하게 보이는 구조의 푸린체가 이처럼 생명에 중요한 역할을 하는 것은 그 나름의 이유가 있다. 애당초 푸린체가 없었다면, 생명의 탄생은 불가능했을 것이다.

사이안산으로부터 태어난 생명 분자

생명의 근간을 지탱하는 물질은 당연히 생명의 탄생 이전부터 지구에 풍부하게 존재했다. 원시 시대의 지구에는 아미노산과 메탄, 이산화탄소 등 기껏해야 몇 개의 원자들로 만들어진 작은 분

사이안산(CN)으로부터 아데닌(왼쪽)의 생성

자들뿐이었다. 생명을 이루는 복잡한 물질이 탄생하기 위해서는 큰 벽을 넘어야 할 필요가 있었다.

푸린체는 지구상에 처음으로 탄생한 복잡한 물질의 하나이다. 암모니아와 사이안산 가스를 혼합하여 가열하면, DNA의 성분인 아데닌(푸린체의 하나)이 상당히 효율적으로 생성된다.

실제로 이 생성은 엄청난 행운의 도움을 받았기 때문에 가능했다. 외부의 도움을 받지 않고, 단순한 것으로부터 복잡한 것이 생기는 일은 기본적으로 불가능하다. 상자 속에 기계를 넣고 흔들면 부서지는 일은 있어도, 상자 속에 나사와 톱니바퀴를 넣고 마구 흔들었더니 기계가 만들어졌다는 이야기는 들어본 적이 없다. 그러나 이 경우에는 여러 일들이 너무나 잘 풀려서 사이안산 가스 분자 5개가 결합하여 아데닌이 만들어지는 작은 기적이 일어난 것이다.

그리고 푸린체는 그 구조상 다른 분자와 쌍을 이루기 쉽다. 즉 복잡한 구조의 구축에 알맞는 성질을 가지고 있다. 정보를 보존하고, 자기증식을 하는 분자인 DNA는 푸린체라는 소재가 있었기 때문에 처음으로 탄생했다고 할 수 있다.

생명은 탄생 이후 다양한 시스템을 진화시켰으며, 크게 모습을 변화시켜왔다. 그러나 현재 우리의 세포 하나하나에 들어 있는 DNA와 RNA는 38억 년 전에 맹독성 가스로부터 만들어진 최초의 생명 분자의 모습을 지금도 충실하게 지켜나가고 있다.

백악기의 통풍 환자

이처럼 중요한 푸린체이지만, 과잉으로 존재하면 문제를 일으킨다. 일반적으로 여분의 물질에는 산소 원자가 붙어서 물에 녹기 쉬운 형태가 되어 체외로 배출된다. 그러나 푸린체의 경우, 산소를 가진 요산은 물에 잘 녹지 않기 때문에 딱딱하게 굳는다. 굳은 요산은 통풍뿐만 아니라 결석과 동맥경화 등의 원인이 되기 때문에 수명에도 큰 영향을 미친다.

현재 알려진 최초의 통풍 환자는 인간이 아니라 역사상 최강의 공룡 티라노사우루스라고 이야기된다. 관절의 뼈가 둥글게 녹는 통풍 특유의 증상이 관찰되는 그 개체가 1990년에 발견되었다. 그 공룡들은 육식 일변도의 식생활을 했기 때문에 통풍에 걸리기도 했을 것이다. 폭군이라고 불릴 정도로 광포했다고 하는데, 어쩌면 관절의 통증을 참을 수 없어서 그랬던 것일지도 모른다.

통풍이 이렇게 오래 전부터 존재했다고 한다면, 요산을 분해할 수 있는 시스템이 진화했다면 좋았을 것이라고 생각할 수 있다.

실제로 많은 포유류는 요산을 분해하는 효소를 가지고 있으며, 그 포유류에게 통풍이라는 병은 존재하지 않는다. 어떻게 된 일인지, 영장류와 조류 그리고 일부 파충류만이 이 효소를 진화의 과정에서 잃어버리고 말았다. 이런 이유로 새도 몸에 요산이 축적되기 쉬워, 날개의 흰 부분은 요산 덩어리나 마찬가지이다.

현재의 학설에 의하면, 공룡은 조류에 가까운 생물이었던 것으로 간주된다. 티라노사우루스가 통풍에 걸리기 쉬운 체질이었던 것도 큰 불가사의는 아니다.

통풍으로 괴로워한 영웅들

이리하여 인류는 요산을 분해하는 기능을 잃게 되었고, 통풍이라는 힘든 질병의 위험을 안게 되었다. 그러나 역사상의 통풍 환자들을 살펴보면, 위인들의 집합이라는 놀라운 사실을 알게 된다.

역사상 최초의 유명한 통풍 환자는 알렉산드로스 대왕이다. 전장을 당당하게 질주하고, 33세의 나이로 세상을 떠난 그의 이미지를 떠올리면, 통풍으로 괴로워하는 모습은 상상하기 어렵다. 그러나 알렉산드로스 대왕은 상당한 애주가였으며, 정복이 진행되면 될수록 식사도 점점 호화로워졌다고 하니, 이 증상이 나타났을 가능성이 크다. 마지막에 그의 생명을 빼앗은 것은 열병(말라리아로 추정된다)이었으나, 어쩌면 극심한 통증을 견디며 진행된 오랜 원정이 그의 체력을 고갈시켰는지도 모른다.

마찬가지로 세계의 정복자가 된 몽골의 제5대 황제 쿠빌라이

칸도 이 병으로 고통을 받았다. 고기를 주식으로 하는 몽골 왕가에는 그 외에도 통풍을 앓은 사람들이 많았다.

원나라를 세운 쿠빌라이는 단순히 정복과 살육으로 영토를 확장해왔던 그때까지의 몽골의 군주들과는 많이 달랐다. 중국의 고전에도 통달한 지식인이었으며, 군인, 정치가로서도 뛰어났던 그는 남송을 토멸했다. 종합해서 볼 때 쿠빌라이는 할아버지인 칭기즈칸을 뛰어넘는, 세계 역사상의 대영웅이었다고 할 수 있다.

중국을 제압한 쿠빌라이는 일본을 침략하려고 했다. 알려진 바와 같이 가마쿠라 막부는 두 차례에 걸친 원나라 원정군을 때마침 내습한 태풍의 힘으로 막을 수 있었다. 그러나 그는 일본 침략을 단념하지 않고 만년에 세 번째 일본 침공 준비를 진행했으나, 건강 상태가 악화되어 정벌 직전에 사망했다. 어쩌면 일본에게 세 번째의 "신풍(神風)"은 그의 체내에 도사리고 있던 요산 결정이었을지도 모른다.

서양에서 이것과 흡사한 사례를 꼽자면, 17세기 영국의 정치가이자 군인인 올리버 크롬웰을 들 수 있다. 그는 청교도혁명의 혼란의 와중에서 군인으로서 두각을 나타내기 시작했고, 결국 국왕 찰스 1세를 처형하고 독재정권을 수립하기에 이른다. 대외전쟁에서도 승리를 거듭했는데, 아일랜드와 스코틀랜드를 제압했으며, 스페인과 네덜란드의 해군도 격파했다.

이런 희대의 카리스마도 59세에 열병으로 덧없이 최후를 맞이했다. 그러나 파스칼은 『팡세(Pensées)』에서 "그의 요관에 작은 입자가 없었다면, 전 기독교 국가들은 황폐해졌을 것이다"라고 쓴

바와 같이 크롬웰의 힘을 진정으로 빼앗은 것은 요관 결석(結石)이었다. 통풍으로 괴로워한 그의 경우, 결석은 요산에 의한 것이었을 가능성이 높다. 몇 밀리미터 크기의 요산 알갱이가 유럽의 명운을 크게 변화시킨 것이다.

유전적 요인과 성격적 요인

이들 영웅들이 통풍에 걸린 것은 단순히 그들의 생활 수준이 높고, 맛있는 음식을 먹었기 때문이라고 생각할지도 모른다. 그러나 오늘날에도 그렇듯이 삼시세끼를 맛있는 음식으로 먹어도 요산 수치가 올라가지 않는 사람도 있고, 보통의 식생활을 해도 통풍으로 고통받는 사람도 있다.

현대 의학에서는 통풍의 발병에는 유전적인 요인도 크게 영향을 미친다는 사실이 알려져 있다. 전형적인 통풍을 가진 집안으로는 피렌체의 대부호로서 이탈리아 르네상스를 주도했던 메디치 가문을 들 수 있다. 메디치 가문의 피렌체 패권을 확립하여 피렌체의 "국부(國父)"로 추앙받는 대(大) 코시모, 그의 아들 피에로, 손자 "대인(大人)" 로렌초가 모두 통풍으로 고통을 받았다. 대부호인 메디치 가문이 사치스러운 식생활을 누렸던 것은 의심의 여지가 없으나, 3대가 내리 통풍에 걸렸다는 사실은 요산을 축적하기 쉬운 체질이 유전된 결과일 것이다. 특히 피렌체의 전성기를 구가한 걸출한 인물인 "대인" 로렌초(1449-1492)에게 10년의 시간이 더 주어졌다면, 이탈리아의 역사도 미술사도 상당히 많이 달라졌을 것임이 분명하다.

"대인" 로렌초가 후원했던 르네상스의 2대 천재 레오나르도 다 빈치와 미켈란젤로 또한 마찬가지로 통풍이 있었다. 특히 미켈란 젤로는 검소한 식사로 유명했으므로 푸린체를 과잉 섭취했다고 할 수도 없을 것이다.

실제로 통풍이 발생하기 쉬운 성격이 있다고 알려져 있다. 성급 하고 시간에 엄격하고, 정력적으로 일에 몰두하는 사람이 그들이 다. 의지가 강하고, 마지막까지 임무를 완수해야 직성이 풀리고, 경쟁심이 왕성하여 공격적이고, 쉽게 화를 내는 것을 그 예로 들 수 있다.

특히 미켈란젤로는 이러한 설명에 딱 맞는 성격이었던 것 같다. 대표작인 시스티나 성당의 천장화를 작업할 때에는 조수를 한 명 도 쓰지 않고 테니스 코트 3개 크기의 대작을 완성시켰다. 천장화 를 완성하기까지 4년 반 동안, 그는 목을 뒤로 젖히고 천장을 올려 다보는 자세로 지속적으로 그림을 그렸기 때문에 목을 다쳤으며, 떨어지는 물감으로 인해서 시력이 손상되기까지 했다.

그러나 자신을 조각가로 규정한 미켈란젤로는 교황으로부터 의 뢰를 받은 이 작업을 매우 싫어해서 한번은 로마에서 도망까지 쳤다고 한다. 결국 계약서에 서명한 후에도 열두 제자를 그리라는 교황의 요구를 묵살하고, 주제를 바꾸어 수백 명이 넘는 인물들이 등장하는 대작을 완성했다.

60대가 되어서 그린 또다른 대작 「최후의 심판」에서도 미켈란 젤로는 그 콧대 높은 자존심을 마음껏 발휘했다. 나체가 너무 많다고 불만을 제기한 교회의 고위 관리를 뱀에게 고환을 물린 지옥의 문지기로 그림에 그려넣었다. 그러나 이런 무법을 교황 파울루스 3세는 묵인했으며, 그림은 무사히 완성되었다. 미켈란젤로의 실력이 뛰어났기 때문에, 용케도 이런 무법이 통했던 것이라고 생각한다.

천재 물질설의 부상

역사에 그 이름을 남긴 통풍 환자는 이들뿐만이 아니다. 문학자로는 단테, 괴테, 스탕달, 모파상, 밀턴, 학자로는 베이컨, 뉴턴, 다윈, 종교인으로는 루터, 정치가로는 프랭클린, 처칠 등 세계사의 거성들이었지만, 전부 통풍으로 고통을 받았다. 왕들 중에서도 프랑크 왕국의 샤를마뉴, 프랑스의 루이 14세, 신성 로마 제국의 카를 5세, 영국의 헨리 8세, 프로이센의 프리드리히 대왕 등 역사에 이름을 남긴 걸출한 제왕들도 통풍을 앓았다.

높은 명성을 자랑하는 그들이었으므로 미식이 통풍의 발생 요인이 된 사례가 많았을 테지만, 이렇게까지 위대한 인물들의 이름을 접하게 되면, 역시 요산과 재능에는 어떤 관계가 있는 것이 아닐까 하고 생각하게 된다.

게다가 20세기에 들어서는 회사의 대표들과 대학교 교수들 중에 요산 수치가 높은 사람들이 많다는 조사 결과가 나왔다. 또한 지능 지수가 특별히 높은 사람들을 조사해보니, 통풍 환자의 비율이 일반인들보다 2-3배 높다는 사실이 밝혀졌다. 이 발견으로 학계는 술렁였다. 요산 속에 지능에 관여하는 미지의 열쇠가 숨겨져 있는 것은 아닐까?

앞에서 설명한 바와 같이, 인간은 분해 효소를 상실함으로써 요산이 체내에 축적되었다. 이런 설명을 통해서 통풍의 위험과 맞바꾸어 높은 지능을 얻었다고 생각하면, 앞뒤가 잘 들어맞는다.

또한 카페인 작용도 하나의 논거가 된다. 이전 장에서 카페인을 섭취하면 기분이 상쾌해지고 머리가 맑아진다고 설명했다. 구조식을 다시 살펴보면 알 수 있듯이, 카페인도 푸린체의 일종이며, 상당히 요산과 가까운 구조를 가지고 있다. 말하자면 요산을 물에 녹기 쉽고 체내에 흡수되기 쉽게 만든 것이 카페인이라고 할 수 있다. 그렇다면 요산 수치가 높은 사람의 두뇌가 맑다고 해도 그다지 불가사의한 일은 아닐 것이다.

물론 요산을 천재 물질로 보는 주장에는 이견도 적지 않다. 영웅과 통풍에 관한 논의와 마찬가지로 회사 대표와 교수 중에서 통풍을 앓는 사람이 많은 것은 단순히 생활수준이 높고 맛있는 음식을 먹기 때문이라는 해석도 가능하다. 반대로 매일 고기와 맥주로 저녁을 먹는 사람들이 모두 천재인 것도 아니다.

통풍에 걸리기 쉬운 사람은 완벽주의자이고 성격이 급하고 정력적으로 일에 몰두하는 미켈란젤로와 같은 유형이라고 이야기했다. 세계를 변화시키는 일을 하는 사람에게는 이런 요소들이 절대적으로 필요할 것이다. 그리고 이런 성격을 가진 사람은 당연히 심각한 스트레스를 받기 쉽다. 스트레스가 원인이 되어 요산이 만들어지는 것은 아닐까? 즉 인과관계가 거꾸로 성립된다고 보는 의견에도 설득력이 있다.

요산이 천재 물질이라는 설은 과학자들 사이에서도 다양한 논의가 이루어지고 있지만, 1970년대에 들어 "의사과학(擬似科學)" 취급을 받고, 연구비도 점점 줄어들게 되었다. 이런 현상은 당시 활발하게 전개되었던 여성해방운동과 관련이 있다고 한다. 요산 수치를 측정해보면, 남성이 여성보다 평균적으로 더 높다. 그리고 통풍은 압도적인 남성 질환으로 환자의 남녀 비율은 99대 1에 달한다. 그렇다고 해서 남성이 선천적으로 지능이 높다는 결론으로 귀결되는 것은 부당하다. 특별히 요산만으로 모든 것이 결정되는 일은 있을 수 없지만, 어쨌든 이 연구는 일단 무대에서 사라지게 되었다.

통풍과 뇌과학

요산 연구가 다시 각광을 받게 된 것은 1990년대에 들어서부터이다. 요산이 존재하면, 신경세포가 쉽게 죽지 않는다는 사실이 판명되었기 때문이다. 알츠하이머병 등에서 볼 수 있는 것처럼 뇌의 신경세포의 죽음은 직접적으로 지능의 저하로 이어진다. 또한 요산에는 강력한 항산화 작용이 있어서, 활성 효소에 의해서 중요한 체내 물질이 파괴되는 것을 방지해준다. 물론 이것만으로는 요산이 지능을 향상시킨다는 사실을 실증하는 것과는 거리가 멀지만, 우선 이론적, 현상적 측면에서 요산과 지능을 연결시키는 증거를 얻었다고 할 수 있다.

그렇다고 하더라도 요산이 높은 지능을 낳는 것인지, 위대한 업적에 따른 스트레스가 요산을 만드는 것인지는 아직 결론이 나오지 않았다. 적어도 요산 수치가 높은 사람이 모두 뛰어난 재능을 가진 것은 아닌 이상, 요산만이 천재를 만드는 유일한 요인이 아닌 것은 확실하다.

비록 요산이 천재를 만든다고 하더라도, 뛰어난 재능을 오랜 기간에 걸쳐 유지하는 것은 어렵다. 이 책에서 열거한 천재들 중에서도, 만년에는 젊은 시절의 광채를 잃은 사람들이 많다. 예를 들면, 뉴턴은 40대 중반 이후에는 과학적 업적을 거두지 못하고 괴상한 연금술에 빠져서 불모의 40년의 여생을 보내고 말았다. 그외에도 공격성과 완고함으로 인해서 다른 사람들과 충돌을 일으키는 불행한 노년을 보낸 사례가 많다. 빛나는 재능과 인생의 행복은 반드시 양립하는 것은 아닌 듯하다.

그런데 지금까지 열거한 천재들의 목록에 일본인은 한 명도 등장하지 않았다. 실제로 오랜 기간 일본에서는 통풍이라는 질환은 알려지지 않았다. 메이지 시대 초기에 일본을 방문한 독일인 의사는 "일본에는 통풍이 없다"고 놀라워하면서 기록을 남겼다. 일본에서 환자가 확실히 확인된 것은 메이지 시대 중기가 되어서이다. 그리고 환자가 증가하기 시작한 것은 1960년대 이후부터이다.

당연히 이런 현상은 육식을 해오지 않았던 일본인의 식생활이 큰 원인이다. 그러나 생활양식도 스트레스도 서구에 못지않아진 현재에도 일본의 통풍 발생률은 미국의 5분의 1에 지나지 않는다.

이 수치는 요산을 축적할 정도로 한 문제를 스트레스와 싸워가면서도 끝까지 파고들어 해결하는 사람이 적은 일본의 국민성 탓일지도 모른다. 불필요한 충돌도 없는 대신에, 두드러진 천재도 나오기 힘들다는 의미이다. 국가로서, 개인으로서, 어느 쪽이 행복한 것인지는 상당히 어려운 문제이다.

8

인류 최고의 친구가 된 물질—에탄올

바쿠스의 올가미

"술이 없는 나라로 가고 싶은 이튿날의 숙취, 사흘째에는 다시 돌아가고 싶어진다"라고 광가(狂歌 : 풍자와 해학을 주로 읊은 일본의 단가[短歌]/역주)는 읊었다. 술을 마시는 동안에는 이튿날의 숙취는 전혀 걱정하지 않게 된다는 것이 술의 신 바쿠스가 걸어둔 최대의 올가미인지도 모른다. 그렇기 때문에 인류는 맥주, 포도주, 위스키, 소주, 버번, 사케, 샴페인 등을 질려하지도 않고 매일 밤마다 위장에 흘려넣는다. 그 양을 살펴보면 1년에 전 세계적으로 소비되는 포도주 병을 쌓으면 도쿄 돔의 21배, 맥주는 155배에 달한다.

세계에 술이 없는 문화권은 거의 없다(뒤에 설명하겠지만, 이슬람권 등에도 술은 전무하지 않다). 치즈와 포도주, 감자 튀김과 맥주, 숯불구이와 막걸리 그리고 초밥과 사케 등 세계 어느 곳을 가든지 그 지역의 요리와 잘 어울리는 술이 존재하기 때문에 감동

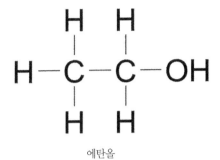

에탄올

을 받게 된다. 북극권의 이누이트족은 발효시킬 식물이 없었기 때문에 종족 고유의 술을 가지지는 못했지만, 그 대신 교역을 통해서 유입된 위스키에는 사족을 못 썼다고 한다. 인류가 이렇게까지 애호하여 그 생산에 정열을 쏟아온 탄소화합물은 바로 에탄올(ethanol, 에틸알코올)이다.

에탄올만큼 매혹적인 음료는 달리 존재하지 않는다. 사람에 따라서는 마시면 큰 목소리로 고함을 치고, 싸우고, 폭력 시비나 교통사고까지 일으킨다. 알코올 중독으로 몸을 망가뜨린 사람도 끊이지 않으며, 발암물질로서도 최고 순위를 지키고 있다. 일본 신화에 등장하는 머리 여덟 개와 꼬리 여덟 개가 달린 뱀부터 현대의 고위 관료에 이르기까지, 술로 인해서 몸을 망가뜨린 사례는 헤아릴 수 없이 많다. 만약 에탄올이 현대에 발견된 물질이었다면, 위험하기 짝이 없는 약으로서 엄중하게 소지와 제조가 금지되었을 것이다.

인류, 술과 만나다

인류와 술의 만남은 발명이 아니라 발견이라고 해야 할 것이다. 원숭이가 나무 구멍 같은 곳에 저장해둔 과일이 보편적으로 존재하는 효모균에 의해서 발효되어 에탄올이 만들어진 것이다. 이른바 "원숭이 술"인데, 이것을 마시고 술에 취한 동물의 모습이 실제로 관찰되고 있다. 문명이 발생하기 훨씬 이전에 인류도 이렇게 우연히 술을 접하게 되어, 술에 얼근하게 취한 기분을 체험했을 것이다.

최초로 인류가 의식하고 만든 술은 벌꿀술이었던 것 같다. 벌꿀을 물에 희석시키는 것만으로도 발효가 일어나서 간단하게 달콤한 술을 얻을 수 있기 때문이다. 1만5,000년 전의 알타미라 동굴의 벽화에는 벌꿀을 채취하는 모습이 그려져 있다. 따라서 이 시대에 이미 벌꿀술이 알려졌을 가능성이 높다. 어쩌면 이것이 인류가 자신의 의지로 원하는 물질(에탄올)을 제어하여 만드는 데에 성공한 빛나는 첫걸음이었을 것이다.

술 제조에 관한 가장 오래된 기록은 메소포타미아에서 발견된 기원전 4000년경의, 원시적인 맥주를 마시는 사람들의 벽화이다. 보리는 싹을 틔울 때, 축적해둔 녹말을 효소의 힘으로 분해하여 에너지로서 사용하기 쉬운 당으로 변화시킨다. 이 맥아(麥芽)의 묽은 죽을 그대로 두면, 속에 들어 있는 효모가 당을 발효시켜서 에탄올과 탄소 가스를 만드는데, 이것이 맥주의 기원으로 생각되고 있다.

녹말을 다룬 장에서도 설명했듯이 인류는 탄생 이후 수백만 년에 걸쳐 수렵생활을 계속했으나, 1만여 년 전에 돌연 농업을 시작하여 작물을 재배하기 시작했다. 기후 변화가 그 원인이라는 설이 유력하지만, 또다른 설로는 보리를 확보하여 맥주를 만들기 위해서였다는 것도 있다.

깨끗한 물을 손에 넣기 힘들었던 시대에는 일단 끓인 물로 만든 맥주는 완전한 음료였으며, 효모균이 만든 단백질과 비타민은 중요한 영양원이 되었다. 게다가 기분이 상쾌해지는 알싸함까지 체험할 수 있었기 때문에 당시의 사람들에게 매우 매력적인 음료였음이 분명하다.

물론 맥주를 마시고 싶다는 이유만으로 수백만 년을 계속해온 수렵생활을 버리지는 않았을 것이다. 그러나 맥주의 확보도 농경과 정주생활의 시작을 이끌어낸 요인 중 하나가 되었을 것이다. 인류 역사의 전환점이 음주에 대한 욕망에 의해서 시작되었다고 생각할 수 있다.

고대 이집트인들도 맥주를 널리 음용했으며, 문헌에도 수많은 기록들이 남아 있다. 피라미드 건설 현장의 노동자들에게도 임금으로 맥주를 주기도 했다고 한다. 내일의 활력을 위해서 맥주를 단숨에 들이키는 노동자들의 모습은 수천 년이 지난 후에도 거의 변함이 없다.

그렇다고 해도 이 시대의 맥주는 우리가 아는 것과는 완전히 달랐으며, 김이 빠진 걸쭉한 액체였던 것 같다. 15세기에 들어서면서 홉을 첨가한 싱싱한 맥주가 보급되었으며, 1842년에 하면발효(bottom fermenting : 맥주를 저온에서 발효시킨 뒤 효모가 가라앉은 맥주를 이르는 용어/역주)에 의한 황금색의 라거 맥주(필스너)가 만들어지기 시작했다. 오늘날의 맥주에 이르기까지는 오랜 연구의 시간이 필요했다.

포도주 역시 선사시대부터 인류가 즐겨온 음료이다. 포도의 껍질에는 효모균이 있고, 즙에는 당분이 풍부하기 때문에 그대로 방치하는 것만으로도 자연적으로 포도주가 만들어진다. 즉 질그릇 항아리 등을 사용하여, 다른 잡균의 침투를 방지하면서 양조하는 기술이 발달되었다. 로마 시대에는 나무통을 사용한 숙성법에 의해서 현격히 맛이 좋아진 포도주를 만들어, 향료와 벌꿀을 넣은 칵테일까지도 즐겼다. 생산지나 제조법에 의해서 세세하게 등급을 나누는 방법도 이 시대에 이미 확립되어 있었다고 하니, 오늘날과 크게 다르지 않았던 것 같다. 포도주 양조가 유행하고 포도밭이 과도하게 확장되면서 곡물 생산 토지를 압박했기 때문에, 도미티아누스 황제는 포도밭을 반으로 줄이라는 명령을 내렸다.

일본술도 맥주나 포도주와 충분히 맞설 수 있는 깊이를 가지고 있다. 제조법은 녹말로부터 당으로, 당으로부터 에탄올로 발효를 하나의 통에서 행하는 "병행 복발효(竝行複醱酵)"를 특징으로 하며, 양조주로서는 세계에서 유례가 없는 20퍼센트의 에탄올 농도를 가진다. 재를 이용한 누룩의 생산, 까다로운 온도 관리에 의한 누룩곰팡이와 유산균의 적절한 사용 등, 일본술의 생산공정은 현대화학의 눈으로 보아도 매우 합리적이다. 부패를 방지하기 위해서 열을 가하는 것은 루이 파스퇴르에 의한 가열 살균법의 발견

감마아미노낙산

보다 300년 정도 먼저 이루어진 것으로 메이지 시대에 일본을 방문한 영국 과학자를 감탄시켰다. 술 제조에 관한 열정에 일본인은 결코 서양 문명에 뒤지지 않았다.

만취의 과학

이미 소개한 카페인이나 니코틴을 시작으로 인간의 정신 상태를 변화시키는 화합물은 적지 않게 알려져 있다. 그러나 에탄올만큼 단순한 구조로, 이 정도의 강력한 효과를 나타내는 것은 달리 찾아볼 수 없다. 그 한 가지 이유는 에탄올 분자가 뇌세포의 세포막에 침투하여 이온의 출입을 무질서하게 만들어 정상적인 정보전달을 방해하기 때문인 것 같다. 그리고 에탄올 분자는 신경전달물질인 감마아미노낙산(酪酸)(γ-aminobutyric acid, GABA)의 수용체에 결합하여 신경세포의 움직임을 억제한다. 이로 인해서 중추 신경계가 억제되기 때문에 비틀거리며 걷거나 혀가 잘 돌아가지 않는 등의 현상이 일어난다.

의외로 에탄올은 흥분성 물질이 아니며, 오히려 "진정제 계통"

의 약물에 속한다. 술을 마시면 사람이 변한다는 말을 듣는 사람이 있지만, 이것은 흥분하여 인격이 변하는 것이 아니라 평소에는 나타나지 않던 본성을 숨기는 힘이 약해져서 본래의 모습이 드러나는 것이다. "술이 인간을 못쓰게 만드는 것이 아니다. 인간은 원래 구제불능이라는 것을 가르쳐주는 것이다"라는 한 만담가의 말은 술주정이라는 현상의 본질을 정확히 포착하고 있다.

에탄올과 닮은 물질은 많이 있으나, 이와 같이 알맞게 인체에 작용하는 물질은 없다. 예를 들면 구조적으로 에탄올의 형제 격에 해당하는 메탄올(methanol, 메틸알코올)은 이런 작용을 하지 못한다. 일본에서는 제2차 세계대전 이후의 혼란기에 공업용 메탄올을 섞은 조악한 "가스토리 소주"라는 것을 밀조했는데, 이 술을 마신 사람들이 실명을 하거나 최악의 경우에는 목숨을 잃는 사태가 발생했다. 이것은 메탄올이 체내에서 대사가 이루어지면, 매우 유해한 폼알데하이드(formaldehyde)와 폼산(formic acid)이 만들어지기 때문이다.

그렇기 때문에 에탄올은 인간에게 쾌락을 주기 위해서 만들어진 듯한 절묘한 구조를 가지고 있다고도 할 수 있다. 이것은 결과적으로 신의 은총인가, 아니면 악마의 음모인가.

체내에 들어온 에탄올은 곧바로 대사효소에 의해서 유독한 아세트알데하이드(acetaldehyde)가 되고, 다시 무해한 아세트산, 곧 초산(醋酸)으로 바뀐다. 요컨대 술을 잘 마시는 사람은 이 대사능력이 높아 마시자마자 에탄올을 분해하는 사람이다. 반대로 술이 약한 사람은 아세트알데하이드가 처리되지 못하고 그대로 있기

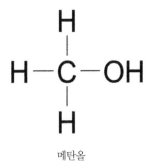

메탄올

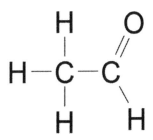

아세트알데하이드

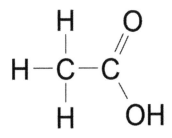

초산(아세트산)

때문에 두통이나 구토 등의 증상을 일으킨다. 숙취에 시달리는 사람이 내뿜는 시큼한 냄새는 아세트알데하이드에 의한 것이다. 일본인의 약 10퍼센트는 이 대사효소를 거의 가지고 있지 않으며, 이런 사람은 술을 잘 마시지 못한다.

에탄올은 뇌내 마약으로도 일컬어지는 도파민의 방출을 촉진하기 때문에 술을 마시면 근심도 잊고 기분이 좋아진다. 술이 수천 년에 걸쳐 인류의 벗이 되어온 것은 이 작용 때문이다. 이것은 인간만의 일은 아닌 듯하며, 암컷에게 교미를 계속 거부당한 "인기 없는" 파리는 알코올이 들어 있는 수용액을 자발적으로 섭취하게 된다고 한다. 암컷에게 차인 쓰라림을 술로 달래는 수컷의 심리는 인간으로부터 곤충에 이르기까지 공통인 듯하다.

한편 술을 잘 마시지 못하는 사람은 아세트알데하이드에 의한 중독의 고통이 다른 사람보다 더 심각하기 때문에 술을 마셔도 기분이 나빠질 뿐이다.

종교와 술

사람들은 사람의 정신과 육체의 상태를 크게 변화시키는 술에는 초자연적인 힘이 있다고 생각해왔다. 일본에서도 오래 전부터 술은 신에게 바치는 신성한 것으로 인식되었다. 옛날 신과 관련하여 사용되어온 "구치가미 사케(口嚙み酒)"라는 것이다. 쌀을 입으로 씹어서 뱉어낸 것을 저장해두면, 타액에 들어 있는 소화효소의 작용에 의해서 녹말이 당으로 바뀐다. 이것을 발효시킨 것이 구치

가미 사케이다. 이렇게 만들어진 술은 남아메리카 잉카 문명에도 존재하며, 모두 신을 모시는 순수무구한 여성이 입으로 씹는 작업을 담당한다는 점이 공통된다.

기독교에서 포도주는 매우 중요한 위치를 차지하고 있다. 예수가 최초로 일으킨 기적은 물병의 물을 포도주로 바꾼 것이며, "최후의 만찬"에서는 예수가 포도주를 직접 잔에 따르고 있다. 지금도 기독교의 종교의식에서 포도주는 빠지지 않는 존재이다. 이러한 자리매김이 이후의 포도주 문화의 발전에 얼마나 큰 기여를 했는지는 불문가지이다.

한편 불교에서는 음주를 다섯 가지 경계 중 하나로, 특히 수도승에게는 명상을 방해하므로 금지했다. 다만 "추위를 이기기 위해서"와 같은 이유를 들어 많은 종파에서 오래 전부터 음주가 용인되기도 했다.

이슬람교에서는 한층 엄격하게 음주를 금지하고 있다. 『코란』에서는 "음주를 악마의 업보"로 보고 이를 어기는 자에게는 채찍질 등의 엄격한 형벌이 가해졌다. 이슬람교에서 음주가 금지된 것은 무하마드의 두 제자가 술자리에서 유혈의 싸움을 일으켰기 때문이라고 전해진다. 술주정하는 사람의 싸움은 고금을 막론하고 헤아릴 수 없을 만큼 많지만, 그중에서 후세에 가장 큰 영향을 미친 것은 바로 이 두 사람의 싸움일 것이다.

그 이유는 술이 세계의 종교 분포에 큰 영향을 미쳤다는 설이 있기 때문이다. 이슬람 세력은 점차 북쪽으로 세력을 넓혀갔으며, 현재의 러시아권 등에도 세력을 확장시켰으나, 지배세력으로서 정착하지는 못했다. 이것은 추운 지역에서는 술을 마셔서 체온을 따뜻하게 하지 못하면 겨울을 나지 못하기 때문이다. 적도 부근의 더운 지방을 중심으로 분포되어 있는 현재의 이슬람권을 보면, 이런 이야기도 전적으로 잘못된 것은 아닌 듯하다. 아무튼 예수와 무하마드의 술에 대한 개인적인 태도가 현재의 세계의 모습을 크게 변화시켰다는 것은 사실일 것이다.

그렇다고 해도 이슬람권에서 술이 완전히 금지된 것은 아니다. 역사적으로 아랍권에도 이교도가 영업하는 술집이 적지 않게 존재했으며, 종파와 지역에 따라서는 상당히 자유롭게 포도주를 마신 듯하다. 지금도 사우디아라비아 등은 상당히 엄격하게 금주를 지키지만, 터키처럼 비교적 쉽게 술을 손에 넣을 수 있는 나라도 있다. 술 앞에서는 신의 가르침에도 다소의 융통성이 통하는 듯하다.

증류주의 등장

아이러니하게도 강한 맛을 내는 술을 만드는 혁신적인 기술은 이슬람권으로부터 세계에 전파되었다. 바로 증류주의 등장으로, "alcohol"이라는 말 자체도 "정제물(精製物)"을 의미하는 아랍어 Al-kohl이 어원이다.

여러 가지 물질의 혼합액을 가열하면, 휘발되지 않는 성분은 용기에 남고, 비등점이 낮은 것부터 순차적으로 증발하게 된다. 이 증기를 모아 냉각시키면, 순도가 높은 액체를 얻을 수 있다. 이 증류의 원리 자체는 고대부터 알려져 있었지만, 아랍의 연금술사들은 이 과정을 한층 더 정교화했고, 이를 통해서 새로운 물질들을 발견했다.

오늘날에는 이름도 남아 있지 않은 연금술사들 중 누군가가 어쩌면 호기심으로 포도주를 증류기에 넣어보았을 것이다. 비등점이 낮은 에탄올은 물보다 빠르게 증발하므로, 투명하며 향이 강한 액체를 얻을 수 있었다. 이 액체를 어쩌다가 입에 넣어보니, 목구멍이 타는 듯한 자극과 더불어 순식간에 취기가 돌았을 것이다. 바로 이런 과정이 증류주의 발견을 이끌었을 것이다.

술을 증류하는 것은 그 정수를 뽑아내는 것이기도 하지만, 본래의 향과 맛 등을 잃는 것이기도 하다. 그러나 여기에 완전히 다른 맛을 부가하는 방법이 발견되면서, 술의 문화는 새로운 단계를 맞이하게 되었다. 나무통에 장기간 보관하는 단순하면서도 심오한 수법이다.

맥아의 발효액을 증류하면, 무색투명한 알코올 도수 65도 정도의 강하고 거친 원주(原酒)를 얻을 수 있다. 이것을 떡갈나무 통에 저장하면, 유황화합물 등의 불쾌한 냄새, 잡미(雜味) 성분이 산화되어 무취의 성분으로 바뀌게 된다. 더 중요한 것은 목재 성분이 조금씩 원주에 녹아드는 것이다. 이렇게 해서 만들어진 것이 바로 위스키이다.

400리터 통의 위스키에는 떡갈나무에서 나온 성분이 1.4-2킬로그램 정도 녹아 있다고 하니 놀랍다. 이들 성분이 에탄올과 결합하여, 에스테르(ester) 같은 방향물질로 바뀐다. 위스키의 향과 색은 실제로 나무 성분에 의한 부분이 크다. 다양한 연구가 행해지고 있으나, 위스키의 깊은 맛을 만드는 데에는 역시 장기간에 걸친 숙성 이상의 방법이 없는 듯하다.

증류주의 장점은 빠르게 취할 수 있다는 것만이 아니다. 알코올 농도가 낮은 술은 세균의 작용으로 시큼해지는 등, 산패가 빠르게 진행된다. 그러나 고농도의 증류주는 상당히 나쁜 조건에서도 장기 보존이 가능하다. 이로 인해서 대항해 시대에는 배에 선적하는 술로 중요하게 취급되었다.

항해 중에까지 꼭 술을 마셔야 하느냐라고 생각할 수도 있으나, 오랜 기간 좁은 배 안에서 생활하면서 받는 스트레스 발산을 위해서 술은 없어서는 안 될 필수품이었다. 예를 들면, 아메리카 건국의 상징으로 유명한 메이플라워 호는 원래 허드슨 강 하구를 목적지로 삼았으나, 선적한 맥주가 떨어졌다는 이유로 그 인근의 플리머스에 닻을 내렸으며, 이곳이 그대로 아메리카 최초의 식민지가 되었다. 아메리카 건국을 기념하는 땅은 맥주 부족에 의해서 결정되었던 것이다.

미국을 세운 술

이미 기술했듯이, 신대륙의 식민지에서는 사탕수수가 대규모로 재배되었다. 그 과정에서 설탕을 짜내고 나면 폐액(당밀)이 많이 나온다. 당분이 있으면 술을 만드는 것은 원료가 무엇이든지 마찬가지 과정을 거친다. 이 당분을 발효, 증류하여 새로운 술이 탄생한다. 말하자면 폐기물을 이용하여 값싼 술을 만든 것이지만, 이 술은 신대륙 개척자들 사이에서 인기를 얻어, 거친 남자들의 연회에 빠져서는 안 되는 존재가 되었다. "훤화(喧譁)"를 의미하는 영국의 방언 럼벌리언(rumbullion : rumba의 어원이기도 하다)으로부터 따온 "럼(Rum)"이라는 이름이 붙은 술은 눈 깜짝할 사이에 아메리카 식민지를 대표하는 술로 성장해갔다.

카리브 해에서의 설탕 생산은 아프리카에서 데려온 노예에 의해서 성립되었으나, 노예를 내려놓은 배는 당밀을 싣고 뉴잉글랜드 식민지로 향했으며, 거기에서 럼주를 싣고 아프리카 대륙으로 돌아갔다. 유럽의 패권을 확립시킨 삼각무역의 한 각을 럼주가 지탱한 것이다. 결국 럼주는 뉴잉글랜드 식민지 수출의 80퍼센트를 차지하게 되었다.

머지않아 식민지 개척이 진행되면서 황야에서도 키울 수 있는 옥수수의 재배가 확대되자, 옥수수로 만든 새로운 술이 탄생했다. 바로 버번 위스키인데, 내부를 불에 그슬린 통 속에서 술을 숙성시키기 때문에 적갈색의 독특한 색을 띠게 된다. 버번이나 럼은 술을 좋아하는 원주민에게서도 큰 호평을 받았으며, 서부 개척시대에 그들을 회유하는 중요한 무기가 되었다.

미국 초대 대통령 조지 워싱턴은 위스키 증류소를 경영했다. 16대 대통령 에이브러햄 링컨도 증류소에서 근무한 경험이 있었고, 성인이 되어서는 그 확대에 큰 공헌을 했다. 미국은 증류주가 만든 나라라고 해도 결코 과언은 아니다.

금주법의 시대

남북전쟁을 통해서 위스키는 미국 전역에 퍼졌으며, 회의에서도 공공연히 술을 마시면서 논의가 이루어질 정도였다. 그러나 종전 후에 그 여파가 밀려왔다. 증류주의 급속한 보급은 알코올 중독자들을 증가시켰고, 주점이 매춘과 도박의 온상이 되는 등 심각한 사회문제가 발생했던 것이다. 이로 인해서 금주에 대한 의식이 급속하게 높아졌다.

금주운동을 지탱한 것은 아버지와 재산을 술에게 빼앗긴 여성들의 힘이었다. 그중에는 주점에서 손도끼를 휘두르거나, 술병이나 건물을 파괴하는 여성들도 나타났다. 금주운동에 의회 의원들도 참여하면서 그 열기는 점점 더 고조되었다. 1851년에 메인 주가 금주법안을 가결한 것을 필두로, 음주를 금지하는 주가 점차 증가하게 되었다.

최후의 일격을 가한 것은 제1차 세계대전의 발발이었다. 전쟁은 미국인의 애국심을 선동했으며 금욕적인 성향을 고취시켰다. 이 계기를 놓치지 않고 제출된 미합중국 헌법 수정 제18조는 1919년 1월 6일에 성립되었다. 미국 국내에서 "취기를 돌게 하는 음료"의 제조, 운반, 판매가 금지된 역사적인 하루였다. 그러나 역설적인 점은 이 시기에 전쟁은 이미 종결되었고, 금욕의 시대도 끝나가고 있었다는 것이다.

이렇게 시행된 금주법이지만, 실제로는 도망갈 구멍이 남아 있는 허점투성이 법에 지나지 않았다. 포도주와 과실주를 각 가정에서 개인적으로 만드는 것은 인정되었으며, 법이 발효되기 이전에 구입해서 저장해놓은 술을 마시는 것도 가능했다.

마시지 말라고 하면 더 마시고 싶은 것이 음주의 일반적인 특성이다. 법이 시행되기 이전에 뉴욕의 주점은 1만5,000개 정도였으나, 금주법 시행하에서는 3만5,000개의 지하 주점이 성업했다. 밀주를 관리하는 갱은 막대한 이익을 올렸고, 그 유명한 알 카포네가 암약한 것도 이 시대였다. 질이 나쁜 위스키가 많아졌기 때문에 알코올 중독으로 인한 사망자 수가 세 배로 늘었다는 통계도 있다.

1933년 프랭클린 루스벨트 대통령은 결국 금주법 철폐안에 서명했고, 14년간의 "고귀한 실험"은 종말을 고했다. 대통령의 식탁에는 최고급 맥주가 돌아왔고, 24시간 사이에 100만 배럴의 주문이 맥주 양조업자에게 쇄도했다. 당초 높은 이상을 가지고 시행된 금주법은 엄청난 실패로 끝나고 말았다.

에탄올 연료의 시대

에탄올은 최근에 새롭게 주목을 끌기 시작했다. 인류의 벗이라고 할 수 있는 물질을 연료로서 사용하기 위해서이다.

에탄올을 에너지원으로 삼는다는 발상 자체는 그다지 새로운 것은 아니다. 예를 들면, 포드가 처음에 설계한 자동차는 에탄올을 연료로 사용하는 것이었다. 그러나 이것은 나중에 동력과 가격 면에서 우세한 가솔린으로 대체되었다.

21세기에 들어 에탄올 연료는 지구 온난화 문제가 표면화되면서 다시 각광을 받기 시작했다. 인류는 땅속에서 캐낸 석유를 태워서 얻은 에너지를 충분히 활용하여 문명을 축적해왔다. 그러나 그로 인해서 대기 중의 이산화탄소 농도가 계속 높아짐으로써 평균 기온의 상승을 초래하게 되었다는 지적을 받아왔다. 또한 중동 지역의 정세 불안과, 중국의 석유 수요 급증 등으로 인해서 석유 가격이 일시에 상승한 것도 대체 에너지 생산에 박차를 가한 요인이 되었다.

석유를 대체하는 에너지원은 운반과 엔진 구조의 제한 때문에 액체여야만 한다. 싼 가격에 대량으로 제공이 가능하고, 인체에 해가 적어야 한다는 점도 고려되어야 한다. 그리고 무엇보다 새로운 이산화탄소를 대기 중에 발산하지 않아야 한다. 이런 조건들을 만족시키는 물질로서 에탄올이 각광을 받고 있다.

이미지와는 반대되지만, 식물의 몸을 구성하는 탄소는 거의 전부가 공기 중의 이산화탄소로부터 온 것이다. 수십 톤에 달하는 거목도 대기 중에 0.04퍼센트 정도밖에 들어 있지 않은 이산화탄소를 모아서 큰 나무로 성장한 것이다. 옥수수의 녹말도 원래는 공기 중의 이산화탄소였기 때문에, 녹말로 만든 에탄올은 태워도 대기 중에 이산화탄소를 증가시키지 않는 셈이다. 지하에 잠자는 탄소원(炭素源)을 연소시켜서 대기 중에 발산하는 화석연료와는 근본적으로 다르다. 이것이 이른바 "탄소 중립(carbon neutral)"이라는 사고방식이다.

이 연료는 식물로 만들었기 때문에 "바이오 에탄올"이라고 부르게 되었다. 다만 바이오 에탄올은 용도가 다를 뿐, 기술적으로는 옥수수로 버번을 만드는 것과 기본적으로 다르지 않다. 술을 만드는 것도 충분히 "바이오"인 셈이다.

바이오 에탄올은 미국의 국가전략으로 꼽히며, 2006년경부터 급속하게 생산량이 증가하고 있다. 석유 가격의 급등은 이 정책에 박차를 가했다. 이로 인해서 곡물 가격이 급등하는 등, 여러 방면에 그 여파가 파급되어, 식료품 가격 상승 등의 소동을 불러왔다. 일본과 같은 선진국은 물론이고, 가난한 개발도상국도 사활이 걸린 문제가 될 듯하다.

그러나 바이오 에탄올이 진정으로 지구 온난화 억제에 기여한다고 생각하는 것은 상당히 의심스럽다. 옥수수의 생산, 운반, 발효 등에도 다량의 연료가 필요하며, 에탄올로부터 물을 완전히 분리하는 데에는 상당한 에너지가 투입되어야만 하기 때문이다. 상당히 호의적으로 계산해도 투입한 에너지보다 얻은 에너지가 많은지 어떤지는 미묘한 수준이라고 보는 것이 대부분의 견해이다.

많은 국가들이 식료품 부족에 시달리고 있는데, 선진국에서는 소중한 곡물을 태워버린다는 것이 도대체 용납될 수 있는 일일까? 이렇게까지 해도 공급할 수 있는 에너지는 한줌도 되지 않는다. 세계의 옥수수 생산량은 연간 8.7억 톤 정도이기 때문에, 이것을 전부 에탄올로 만들어도 3.5억 톤밖에 얻을 수 없다. 석유의 연간 소비량은 약 40억 톤, 게다가 에탄올의 연소 에너지는 석유의 3분의 2정도이므로, 참으로 언 발에 오줌 누기가 아닐 수 없다. 곡물에서 유래한 바이오 에탄올이라는 발상은 참으로 어리석은 착상이다.

이런 비판을 받자, 식물의 줄기로부터 얻는 셀룰로오스를 기본으로 에탄올을 만드는 "제2세대 바이오 에탄올"에 대한 연구가 진행되고 있다. 셀룰로오스는 녹말과 마찬가지로 포도당이 다수 결합한 것이지만, 구조상의 차이에 의해서 분해가 어려운 단단한 섬유상(纖維狀) 물질이 된다. 식물의 몸을 지탱하는 구조재로서, 매년 1,000억 톤이 새로 만들어진다. 이것을 에너지원으로 이용하려는 시도이다. 예를 들면, 매년 폐기되는 볏짚과 폐목재 등을 에탄올로 만든다면, 식료품 생산과 경합하지 않는 에탄올을 대량으로 얻을 수 있게 된다.

그러나 현재로서는 셀룰로오스의 분해가 어려울 뿐만 아니라, 상업화는 아직 요원한 듯하다. 흰개미는 셀룰로오스를 분해하는 세균을 장내에 기르고 있으므로, 이 세균을 유전자 조작으로 강화하여 에탄올 제조에 사용하려는 연구가 진행되고 있다. 그러나 만약 그 세균이 환경에 누출된다면, 대체 어떤 사태가 벌어질까? 온갖 식물이 녹아버리고, 세계가 술의 바다가 되고 마는 것은 아닐까? 이런 저급한 SF영화 같은 생각도 머리를 스쳐지나간다.

물론 에너지 확보는 큰 위험을 동반하지 않고는 이루어질 수 없는데, 이것은 무엇보다 중요한 일이다. 그러나 인류는 결국 식품을 연료로 바꾸고, 오랜 기간 벗이었던 에탄올을 연소시키며, 어쩌다가 생활을 지탱해준 셀룰로오스에까지 손을 대는 지경에 이르게 되었을까? 오늘날 이후의 에너지는 어떻게 될 것인가에 대해서 다음 장에서부터 생각해보고자 한다.

제3부

세계를 움직이는 에너지

9
왕조를 날려버린 물질—니트로

에너지를 장악한 동물

산속에서 혼자서 하룻밤을 보내는 것은 사물을 보는 눈을 바꿀 수 있는 경험이다. 덤불이 버스럭거리는 소리에 흠칫 놀라기도 하고, 밤하늘에 빛나는 별들의 까마득한 높이에 가슴이 떨리기도 한다. 문명사회로부터 멀리 떨어져서 보내는 밤은 평소 만물의 영장이라고 위장하고 있는 인간이 실제로는 얼마나 약하고 어설픈 생물인지를 다시금 생각하게 한다.

생물계에는 인간보다 몇 배나 더 거대한 생물, 힘이 센 생물, 빨리 달리는 생물 등이 널려 있다. 한 사람 한 사람의 인간은 실제로 약한 생물에 지나지 않는다. 이런 인류가 온갖 동물을 누르고 생물계의 정점에 설 수 있었던 것은 역시 도구와 불의 사용이 큰 역할을 했을 것이다. 곤봉을 가지고 있으면, 주먹으로 때리는 것보다 훨씬 더 큰 피해를 입힐 수 있으며 불로 숲을 태워버리면 맨손으로는 도저히 잡을 수 없을 동물과 새도 쉽게 잡을 수 있다. 우리는 도구와 불이 가지고 있는 에너지를 이용함으로써 자신들의 육체의 힘만으로는 얻을 수 없었던 것을 간단히 얻을 수 있게 되었다.

에너지는 생활의 향상에도 많은 역할을 했으나, 동시에 전쟁에도 투입되었다. 일찍이 기껏해야 돌을 던지는 것이 전부였던 인류는 문명의 발생 이후에 활, 석궁, 투석기 등의 무기 제작 기술을 급속하게 발전시켰다. 이들 날아가는 도구의 정묘한 구조를 보면, 인간은 동족을 죽이기 위해서 이처럼 무섭고 두려운 진보를 이룩한 것일까 하는 의문과 놀라움을 금할 수 없다.

그중에서도 화약의 발견은 중요한 전환점이 되었다. 화약의 개발 이후, 무기의 살상 능력은 현저히 발전되어 전장의 본모습뿐만 아니라, 역사의 흐름까지도 바꾸게 되었다. 에너지를 다루는 내용의 시작으로서 화약의 세계사를 조망해보자.

폭발에 대한 충동

여름의 밤하늘을 아름답게 수놓는 불꽃놀이는 언제나 변함없는 인기를 끌고 있다. 유명한 도쿄 스미다 강(隅田川) 불꽃놀이는 1733년 이후 전통이 이어지고 있고, 매년 100만 명에 달하는 사람이 다녀간다. 불꽃놀이는 올림픽 등의 대형 제전에도 빠지지 않는다. 훌륭한 음향과 아름다운 색채는 일순간에 사람들을 일상에서 벗어난 축제 공간으로 끌어들인다.

불꽃놀이뿐만 아니라, 폭발은 무슨 이유에서인지 사람들을 강하게 매혹시킨다. 오래된 건물을 폭파 해체할 때에 많은 구경꾼들이 몰려들고, 할리우드 영화는 폭발 장면에 사용된 화약의 양을 선전문구로 사용하기도 한다. 승전 축하연에서의 샴페인 파이트와 맥주 내기, 파티 때의 딱총과 폭죽 등도 이와 비슷한 느낌을 줄 것이다.

불꽃놀이와 폭발이 왜 인기를 끄는지 생각해보면, 하나는 "신중하게 만든 것을 한순간에 파괴하는" 쾌감 때문인 듯하다. 인간은 노력과 시간을 들여서 기르고 만드는 것에도 기쁨을 느끼지만, 때로는 그것을 한순간에 무너뜨리는 것에도 쾌감을 느낀다. 창조와 파괴, 그 모순된 충동이 있기 때문에 인류는 오늘날까지의 문명을 쌓아올릴 수 있었다.

폭발에 대한 관심은 때로 편집증에까지 이르는 경우도 있다. "유나바머"라는 이름으로 알려져 있는 연쇄폭탄 테러리스트 시어도어 존 카진스키는 그 가장 유명한 사례이다.

그는 IQ가 160 이상으로 20세에 하버드 대학교를 졸업했으며, 25세에 캘리포니아 대학교 버클리 분교의 조교수에 취임한 문자 그대로 천재였다. 그 빛나는 재능과는 달리 매우 그늘이 짙은 소년시절을 보냈던 그가 깊이 몰두한 것이 바로 폭탄 제조였다. 27세에 대학을 돌연 퇴직하고, 숲속의 작은 오두막에 틀어박혀 혼자서 폭탄 제조에 매달렸다. 그는 직접 만든 폭탄을 대학과 공항 등에 우편으로 보내서 봉투를 뜯은 사람을 폭발에 휩쓸리게 하는 수법을 반복했다.

그의 폭탄은 나사 같은 작은 부품까지도 손으로 만든 것으로 필요 이상으로 정성을 들였다. 몇 번이고 해체하여 재조립하고,

표면에 정성스럽게 줄질을 하여 마무리했다. 그는 폭탄 제조를 진심으로 즐겼던 것이다.

그가 18년간 16건의 폭탄 테러를 저질러 3명이 죽고 23명이 부상을 당하는 동안에도, FBI는 그의 꼬리조차 잡지 못했다. 그러나 1995년 168명이 희생된 오클라호마 시의 연방정부 건물 폭파 사건이 일어나자, 자신 이외의 어떤 폭탄범에게 세간의 이목이 집중된 것에 그는 자존심에 깊은 상처를 입었다. 카진스키는 전국지(全國紙)에 "산업사회와 그 미래"라는 제목의 범행 성명문을 게재할 것을 요구했으나, 이것이 계기가 되어 꼬리가 밟힌 그는 결국 체포되었다. 폭탄과 폭발에 대한 비뚤어진 애정은 끝내 자신의 신세를 망치고 말았다.

화약의 등장

파괴 충동이 마지막에 도달하는 것이 전쟁이다. 폭약이 가장 위력을 발휘하는 곳도 말할 필요도 없이 전장이다.

새삼스럽게 세계사 연표를 다시 볼 필요도 없이, 모든 나라의 역사는 전쟁으로 점철되어 있다. 일설에 의하면 3,400년간의 세계사에서 전쟁이 일어나지 않았던 평화의 시대는 268년간에 불과하다고 한다. 유사 이래 인류는 문명을 창조하고 파괴하는 일을 반복해온 것이다.

특히 20세기는 화약과 폭약을 만든 사람이 전쟁을 지배해온 시대였다. 그 진보는 전장의 본모습뿐만 아니라 우리의 일상의 삶까지도 크게 변화시켰다.

초기의 화염무기로서 유명한 것은 7세기 후반에 동로마 제국의 칼리니코스가 발명한 "그리스의 불"이다. 호스와 물총 등으로 상대에게 분사하여, 화염방사기처럼 사용했다. 물을 뿌리면 오히려 불이 번져서, 해전에서는 특히 위력을 발휘했다고 한다.

그러나 "그리스의 불"은 국가 기밀로서 엄격하게 비밀이 유지되었기 때문에, 그 제조법은 오늘날에는 전해지지 않는다. 유황, 생석회, 초석(硝石, niter), 석유 등을 끓여서 만들었다는 이야기도 있지만, 정확하지는 않다. 어쨌든 동로마 제국은 서로마 제국에 비해서 1,000년 가까이 더 명맥을 유지했으니, 제국 유지에 그리스의 불이 큰 공헌을 한 것만은 분명하다.

한편 중국에서는 진(晉)나라의 갈홍이 300년경에 화약의 원형을 기록했다. 당나라 시대에는 그후에 널리 사용되는 흑색화약(黑色火藥)이 개발되었다. 목탄과 유황에 초석을 배합한 것으로 이후 세계의 화약무기의 표준이 되었다.

화약의 화학

"그리스의 불"과 흑색화약에서 핵심적인 역할을 하는 것은 질산포타슘(KNO_3)을 주성분으로 하는 초석이다. 질산포타슘은 무기화합물이지만, 니트로기($-NO_2$)를 가지고 있어서, 넓은 의미에서 니트로 화합물로 분류된다. 이 화합물은 공기에 비해서 단위부피당 3,000배 이상의 산소를 함유하고 있다. 이 고밀도 산소가 가

연성의 목탄과 유황과 급속하게 결합하여 순식간에 막대한 양의 기체를 생성시킨다. 이 팽창속도가 음속을 뛰어넘으면 충격파가 발생하여 넓은 범위에 영향을 미친다.

현대의 고성능 폭약의 경우, 충격파의 속도가 초속 8,000미터에 달한다. 즉 이론적으로는 지금 눈앞에 있는 공기가 폭발이 일어나면, 1초 후에는 8,000미터 후방까지 날아간다는 것이다. 폭약의 위력이 얼마나 무서운지를 알 수 있다.

질산포타슘에는 질소 원자 1개에 산소 원자가 3개 결합되어 있지만, 그 조합은 성질이 맞지 않아 서로 떨어지려고 한다. 연소가 일어나면, 그 조합은 성질이 서로 잘 맞는 질소-질소, 탄소-산소의 결합으로 재조합된다. 이 결합 에너지의 차이가 폭발의 파괴력이 된다. 많은 사람의 목숨을 앗아가고, 역사의 흐름을 크게 뒤바꿔온 폭발의 힘은 요컨대 눈에 보이지 않을 정도로 작은 원자들이 떨어졌다가 결합되는 상태 변화에 따른 힘이 모인 것이다.

진화하는 비행물체

송(宋)나라 시대에는 폭약이 비행도구와 결합함으로써 보다 큰 위력을 발휘하기 시작했다. 예를 들면 "벽력포(霹靂砲)"는 화약을 채워넣은 종이 용기에 불을 붙여, 투석기로 공격하는 것이다. 송나라는 여진족 금(金) 왕조의 남하로 남쪽으로 천도한 뒤에도(역사에서는 그 이전을 북송, 그 이후를 남송이라고 한다/역주) 고난을 겪었는데, 1161년에는 침략해온 금나라 군대를 벽력포를 이용하여 격퇴시켰다.

송나라 역시 화약 제조법을 비밀에 붙였으나, 반세기 정도 후에는 숙적인 금도 제조법을 터득했을 뿐만 아니라 개량을 거듭하여 "진천뢰(震天雷)"를 만들었다. 금은 이 무기를 활용하여 무적을 자랑하던 몽골 기마군단을 격파했다. 그러나 몽골도 곧바로 화약의 제조법을 터득하여, 이 화약을 이슬람권에서 유래된 투석기와 결합함으로써, 금과 남송을 멸망시킨 주요 무기로 삼았다. 화약의 조합, 장전 기술 등도 이 시기에 눈에 띄게 발전했다. 신무기의 개발 경쟁은 왕조 교체에 핵심이 되기도 했다.

13세기 후반에는 일본도 화약의 위력을 체험한다. 원나라 군대가 "철포"라는 무기를 가지고 바다를 건너 규슈(九州)를 내습한 것이다. "철포"는 직경 14센티미터, 무게 4킬로그램 정도의 도자기로 만든 구(球)로, 폭발하면 안에 들어 있던 쇠 조각들이 흩어지면서 주변 병사들의 목숨을 빼앗거나 상처를 입혔다. 폭약이 작렬할 때 나는 소리는 당시의 일본인들은 들어본 적도 없는 엄청난 굉음이었으며, "눈도 깜깜해지고 귀도 먹먹해지며, 동서의 구분도 하지 못하게 된다"고 할 정도였다고 한다.

14세기에는 총과 로켓의 원형도 등장했다. 폭발물을 상대에게 던지는 것이 아니라 폭발의 에너지를 이용하여 적을 향해 포탄을 발사하는 획기적인 발상의 전환이었다.

조직적인 과학 연구가 이루어지지 않았던 시대에 이런 무기 개발의 엄청난 속도는 이상하게 생각될 수도 있다. 당연히 그 연구는 국가 지원하에서 추진되었을 테지만, 폭약의 개발에는 큰 위험이 따랐으므로, 개발과정은 간단하지 않았다.

어쩌면 이 시대에도 유나바머와 같이 폭발의 매력에 빠져든 사람들이 있었을지도 모른다. 의지의 힘, 의무감이 아니라 그저 한 가지 일에 이상하게 매료된 인간들이 획기적인 혁신 뒤에는 반드시 있기 마련이다. 창조한 것이 세간의 환영을 받는 것이라면 그는 천재 발명가로 불리게 되고, 아무도 찾지 않는 것이라면 괴짜 혹은 미친 과학자라는 낙인이 찍힐 뿐이다.

고도의 낙성(落成)

일본이 몽골 군의 침공을 받기 수십 년 전, 몽골 군이 유럽에 침입함으로써 화약의 제조법이 서양에도 전해지게 되었다. 창과 활로 싸운 유럽 국가들이 무기 혁신 경쟁에 참여하게 된 순간이기도 하다.

13세기에는 화승총(火繩銃)이 개발되었다. 그리고 머지않아 일본에 전해져서 전국시대(戰國時代)의 흐름을 일거에 변화시켰다.

14세기 후반에는 거대한 돌을 폭약의 힘으로 발사하는 장치, 즉 대포가 첫선을 보였다. 이 신무기가 가장 효과적으로 작동한 것은 오스만 제국과 동로마 제국이 벌인 동로마 제국의 수도 콘스탄티노플 공방전이었다.

일찍이 지중해 세계의 상당 부분을 지배한 동로마 제국은 15세기에는 이미 콘스탄티노플과 얼마 되지 않는 영토가 남았을 뿐이었다. 1452년 오스만 제국에 의한 포위망이 완성되어가던 이 도시에 우르반이라는 이름의 헝가리인이 나타났다. 그는 수도 방위를 위해서 자신이 설계한 대포를 팔아넘기려고 했으나, 장대한 그의 계획은 진지하게 받아들여지지 않았다.

그래서 그는 이번에는 오스만 제국의 술탄 메흐메트 2세에게 갔다. 난공불락으로 알려진 콘스탄티노플의 삼중 성벽을 파괴할 수 있는 거대한 대포의 설계도를 보고, 19세의 술탄은 매료되었다. 그 순간, 1,000년의 고도 콘스탄티노플의 명운은 다했던 것이다.

우르반이 만든 대포는 길이가 8미터 이상, 직경이 75센티미터, 500킬로그램 이상의 포탄을 1.6킬로미터까지 발사할 수 있는 가공할 괴물이었다. 한눈에 마음에 든 메흐메트 2세는 조속히 이 대포를 양산하라는 명령을 내렸다. "마호메타"라는 이름이 붙은 이 대표는 그 발사음만으로도 근처에 있던 임산부가 유산을 했을 정도라고 한다.

머지않아 개시된 2개월에 걸친 공성전 끝에 이 고도를 1,123년간 보호해온 성벽은 맹렬한 포격을 받고 무참히 파괴되었다. 황제 콘스탄티누스 11세는 검으로 자결했고, 동로마 제국은 종언을 고했다. 마호메타는 그 압도적인 파괴력으로 고대 로마 시대부터 연면히 이어져온 문명을 멸망시키고, 중세의 막을 내렸다.

우르반의 거포는 그후의 전쟁의 양상에도 중대한 영향을 미쳤다. 포격에 대항하기 위한 성은 요새로 바뀌었고, 보병전술 등도 크게 변화되었다.

그러나 시대의 획을 그은 무기를 개발한 우르반이라는 인물에 대한 상세한 내용은 알려지지 않았다. 콘스탄티노플 공성전이 한

창일 때 자신이 만든 대포의 폭발에 휘말려 사망했다고 전해진다. 왕과 장군, 영웅과 미인의 이름은 역사에 남아도, 진정한 혁명을 가져온 기술자의 이름은 쓸쓸히 사라질 뿐이다.

초석을 확보하라

이렇게까지 폭약이 대량으로 사용되자, 그 원료의 조달이 큰 문제가 되었다. 중국에서는 원료 중 하나인 유황이 거의 생산되지 않았기 때문에, 화산이 많은 일본에서의 수입에 의존했다. 이로 인해서 유황은 구리나 철과 마찬가지로 중일 무역의 주요 품목이었다. 현재 일본의 첨단기술 산업을 지탱하는 희유금속(稀有金屬)의 대부분을 중국에서 수입하는 것이 문제가 되고 있으나, 예전에는 이 입장이 반대였던 것이다.

또다른 중요한 원료인 초석(硝石)의 조달은 산지가 한정되어 있었기 때문에 한층 더 심각했다. 그러나 얼마 지나지 않아 의외의 장소에서 초석을 얻을 수 있다는 사실을 알게 되었다. 그 장소는 바로 화장실 밑의 흙이었다.

분뇨에 들어 있는 암모니아는 땅속의 질화박테리아(窒化細菌, nitrifying bacteria)에 의해서 산화되어 질산 이온으로 변한다. 따라서 화장실 밑의 흙을 끓인 물에 목탄을 넣어서 천천히 졸이면 초석의 결정(結晶)을 얻을 수 있다. 당시 인간과 가축의 분뇨는 귀중한 자원이었다. 기독교 주교의 오줌으로는 고품질의 초석을 만들 수 있다는 미신도 있었던 것 같다. 영국에서는 초석 수집 전문가가 초석이 발견되는 대로 지면을 파서 전부 그러모았다. 민가의 마루를 뜯어내고, 가축의 축사를 부수더라도 철저하게 초석을 회수했다고 한다. 그렇게까지 해야 할 정도로 초석의 확보는 국가 존속의 요체가 되었던 것이다.

18세기에는 초석 플랜테이션 기술이 완성되었다. 점토로 굳힌 구덩이에 음식 쓰레기와 분뇨를 쌓아두고, 햇빛 아래에서 숙성시키는 것이다. 위생적으로는 최악의 물품임이 분명했지만, 초석의 확보는 국가의 생명선이었기 때문에 지역 주민의 반대를 억누르고 단행되었다. 17세기부터 18세기는 유럽이 끊임없는 전화에 휩쓸려들었던 시대였는데, 그 바탕에는 분뇨의 힘이 있었다.

얼마 지나지 않아 인도의 갠지스 강에서 세계 최대의 초석 광상(鑛床)이 발견되었는데, 영국이 인도를 식민지화한 데에는 실제로 이 초석이 큰 이유가 되었다. 역사에서는 초석뿐만 아니라 중요한 천연자원이 있는 곳에는 전쟁과 가혹한 지배가 끊이지 않았다. 민중이 천연자원의 혜택을 받지 못한 것은 어쩌면 행운일지도 모른다.

노벨이라는 남자

초석 등의 배합 기술이나 생산 기술에 대해서는 다양한 진보가 이루어졌지만, 폭약의 성분 그 자체에는 큰 변화가 없었다. 그러나 19세기에 들어서 물질을 순수하게 추출하고 가공하여 새롭게 만드는 방법론, 즉 인류가 화학을 익히게 되면서 폭약의 세계도 급속한 변화를 맞이하게 되었다.

그 계기가 되었던 것은 스위스의 화학자 크리스티안 쇤바인의 우연한 발견이었다. 1845년에 그는 자택에서 질산과 황산의 혼합액을 이용한 실험을 했다. 어쩌다가 그는 이 혼합액을 흘리고 말았는데, 당황하여 가까이에 있던 아내의 앞치마로 그것을 닦았다. 이 앞치마를 말리려고 스토브 앞에 걸쳐놓자, 갑자기 큰 소리와 함께 앞치마에 불이 붙어 순식간에 타버렸다. 오늘날에도 권총의 탄약 등에 폭넓게 사용되고 있는 "면화약" 탄생의 순간이었다.

면화약은 직물의 성분인 셀룰로오스에 질산과 황산이 작용하여, 다수의 니트로기가 결합한 것이다. 무연(無煙) 화약으로서, 오늘날에도 총의 탄약으로 사용되고 있다. 그리고 여기에 장뇌(樟腦)를 섞으면, 자연히 가연성 수지가 형성된다. 이것이 셀룰로이드(celluloid)인데, 일상용품 등에 폭넓게 사용되어왔다. 그러나 근래에는 발화성이 문제가 되어, 각종 플라스틱에 그 자리를 내주게 되었다.

면화약이 탄생한 지 2년 후에는 이탈리아의 화학자 아스카니오 소브레로가 처음으로 니트로글리세린(nitroglycerin)을 합성했다. 그 파괴력은 한 방울만 가열해도 플라스크를 산산조각 낼 정도로 엄청났다.

이 강력한 파괴력은 그 구조에서 기인한다. 니트로글리세린은 질산이 3개의 탄소 고리에 매달려 있는 형태로서, 예의 불안정한 질소-산소 결합과 연료인 탄소가 고밀도로 갇혀 있는 형태이다. 이로 인해서 연소의 연쇄반응이 급격히 일어나서 강력한 폭발력이 생기는 것이다. 흑색화약의 폭발이 1,000분의 1초 동안에 6,000

니트로글리세린

기압의 압력을 발생시키는 데에 비해서 니트로글리세린의 폭발은 100만 분의 1초에 27만 톤의 압력이 만들어진다.

니트로글리세린의 단점은 열과 충격에 매우 민감하여, 취급이 힘들다는 것이었다. 발명자인 소브레로 자신도 폭약으로서는 사용할 수 없다고 단념했다.

이 니트로글리세린을 상용화하는 연구와 씨름하게 된 사람이 바로 알프레드 노벨이었다. 그의 아버지는 폭발물 제조로 성공했는데, 노벨은 어렸을 때부터 화학 가정교사가 있을 정도로 부유한 환경에서 성장했다. 그 자신도 소년 시절부터 폭발에 흥미를 가지고 아버지로부터 기본원리를 배웠다.

같은 스승의 제자였던 소브레로가 니트로글리세린을 개발했다는 소식을 들은 노벨은 강한 흥미를 보였고, 그 기폭(起爆) 방법 등에 대해서 특허를 취득했다. 그러나 1864년 비극이 일어났다. 그의 공장이 폭발하여 형제 에밀과 5명의 조수가 사망하고, 노벨 자신도 큰 상처를 입은 사건이 발생한 것이다. 그후에도 각 지역에서 사고가 잇따르자, 노벨은 거센 비난을 받았다.

그러나 노벨은 니트로글리세린 연구에서 물러서지 않고, 오히려 안전하게 취급할 수 있는 방법을 찾는 데에 몰두했다. 그는 니트로글리세린이 액체이기 때문에 진동에 민감하므로, 어떻게든 고체로 만들면 좋겠다는 생각을 했다.

그래서 어떤 분말에 니트로글리세린을 흡수시켜서, 굳히는 방법을 생각하게 되었다. 그러나 분말은 니트로글리세린과 화학반응을 일으켜서는 안 되며, 조금이라도 자극을 주는 물질이라면 폭발의 위험이 있었다. 시행착오 끝에 노벨이 겨우 찾아낸 것은 규조토(硅藻土)라는 입자가 고운 흙이었다. 이 흙에 니트로글리세린을 흡수시키면 말랑한 반죽 상태가 되어 충격을 받아도 안전했다. 기폭의 타이밍과 파괴력 등을 안전하고 자유롭게 조정할 수 있게 된 것이다. 이 세기의 발명인 다이너마이트로 쌓은 부가 노벨상 상금의 근간이 되었다.

다이너마이트는 광산의 채굴 등에서 큰 역할을 했으나, 한편으로 전쟁에서도 많은 인명을 빼앗게 되어 노벨은 "죽음의 상인"으로 악명이 높아졌다. 그의 형이 사망했을 때에는 노벨이 죽었다고 오인한 신문이 "가능한 한 가장 짧은 시간에 유례가 없을 정도로 많은 인간을 살해하는 방법을 발견하여 부를 축적한 인물이 사망했다"는 기사를 쓰기도 했다. 노벨은 이 기사를 보고 깊은 충격을 받았다고 전해진다.

노벨상에 "평화상"이라는 부문이 있는 것에서 알 수 있듯이, 노벨 자신은 열렬한 평화주의자였으며, 자신이 개발한 다이너마이트는 전쟁 억지력이 된다고 믿었다. 그러나 사고로 동생을 잃고, 세계의 격렬한 비난을 받으며, 현실의 전장에서 병사들의 목숨을 앗아가는 모습을 목격하면서도 여전히 연구에 매진한 모습에서는 폭발에 사로잡힌 남자의 "업보" 같은 것이 느껴지는 듯하다.

니트로글리세린은 의외의 형태로 인명을 구하기도 한다. 니트로글리세린이 체내에서 분해되어 만들어지는 일산화질소에는 혈관을 확장하는 작용이 있어 협심증 발작을 진성시키는 치료약으로 사용되고 있다. 의외로 니트로글리세린은 매우 단맛이 난다. 얄궂게도 노벨 자신도 만년에 심장 질환이 생겨 니트로글리세린을 투여했다고 한다. 참으로 니트로에 사로잡힌 인생이라고 할 수 있다.

총력전의 시대로

노벨 이후에도 폭발에 매료된 사람들은 끊이지 않았다. 러일전쟁에서는 해군 기사 시모세 마사치카가 개발한 "시모세 화약(下瀨火藥)"이 위력을 발휘했다. 그는 현재의 히로시마 시에서 번(藩)의 철포 담당 관리의 아들로 태어났다고 하니, 문자 그대로 포탄의 아이라고 할 수 있다. 그는 막 개교한 공부대학교(工部大學校 : 도쿄 대학교 공학부의 전신)에서 화학을 공부했는데, 말하자면 일본 화학자 1세대이다.

시모세가 착안한 것은 피크르산(picric acid)이라는 화합물이었다. 질산과 닮은 니트로기가 3개 결합되어 있는 피크르산은 폭약으로서는 강력하지만, 너무 민감한 데다가 산성이 강해서 포탄의 철을 부식시키는 문제점이 있었다. 시모세 자신이 연구 중에 폭발로 손가락을 움직이지 못할 정도의 큰 상처를 입었다. 그래서 시모세는 포탄 내부에 옻칠을 하고, 왁스를 틈새에 채워넣는 방법을 강구함으로써 이 문제를 해결했다. 시모세 화약은 1905년 러일전쟁 당시 해전에서 위력을 발휘하여 제정 러시아의 발트 함대의 주력함 대부분을 격침시켰으며, 일본이 대승을 거두는 데에 큰 공헌을 했다.

시모세 화약에 대한 평가는 다양한데, 단순히 다른 나라에서도 발견된 피크르산에 자신의 이름을 붙였을 뿐이라는 혹평도 눈에 띈다. 그러나 이것은 기술 개발의 속성을 잘 모르고 하는 소리이다. 선진국에 비해서 확연히 열악한 실험환경 속에서 일본에서 구할 수 있는 재료를 이용하여 다루기 어려운 피크르산을 실용화시킨 기술은 높은 평가를 받아야 한다.

그 이전에 해전에서 적함을 침몰시키기 위해서는 혼신의 힘을 다해 공격해야만 했는데, 포격으로 격침시킨 사례는 이 해전이 거의 처음이었다. 시모세 화약은 세계 각국이 대함거포주의로 나아가는 큰 계기가 되었다고 할 수 있다.

제1차 세계대전은 이전까지의 전쟁과는 확연히 다른 양상을 보였다. 운송력과 방어력의 향상에 의해서 전쟁은 총력전, 장기전이 되어 탄약 등의 소비가 압도적으로 증가했다. 전사자 수는 물론이고, 해상 봉쇄와 교통망 파괴, 민간시설 폭격 등이 증가하여 이전

피크르산

과는 피해 상황이 현격한 차이를 보이게 되었다. 발생한 피해가 엄청났기 때문에 항복하고 나면 막대한 배상금이라는 지옥이 기다리고 있었다. 이로 인해서 각국은 국력의 최후의 한 방울까지도 전쟁에 투입해야 하는 상황에 몰리게 되었다.

제2차 세계대전에서는 이 상황이 한층 더 악화되었다. 사망자 추계는 5,000만 명에 달하고, 전쟁비용은 쌍방 합계 1조 달러가 넘을 것이라는 설도 있다. 이것은 인류 역사에서 일어난 다른 모든 전쟁을 합친 것보다 더 많은 금액이라고 한다. 니트로는 노벨이 목표로 한 "전쟁 억지력"으로는 쓰이지 않고, 국가를 총력전으로 몰아가는 역할밖에 하지 못했던 것이다.

대량파괴 무기의 왕좌를 핵무기에 물려준 후에도 폭약의 진화는 멈추지 않았다. 보다 많은 니트로기를 좁은 공간에 채워넣기 위해서 슈퍼컴퓨터에 의한 분자 설계, 결정화 방법에 대한 고안 등이 밤낮으로 계속되고 있다.

1999년에는 이론상 최강의 폭약이라고 일컬어지는 화합물 옥

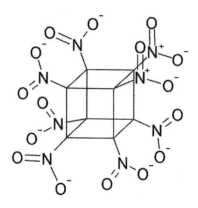

옥타니트로쿠반

타니트로쿠반(octanitrocubane)이 미국의 필립 이턴에 의해서 합성
되었다. 옥타니트로쿠반은 불안정한 탄소 골격 위에 8개의 니트
로기가 결합된 구조를 가지고 있다. 눈이 충혈된 남자가 전신에
수류탄을 달고 있는 모습과 비슷해서, 화학자라면 구조식을 보는
것만으로도 도망치고 싶은 엄청난 것이다. 왜 이런 연구를 했는지
의아하게 생각하겠지만, 이턴 본인에게 설명해보라고 하면 "상당
히 매력적인 구조로 어떻게든 내가 해보고 싶었기 때문이다"라고
말할 듯하다.

　당치도 않다고 생각할 만한 말이지만, 이렇게까지 극한에 도전
하는 것이야말로 기술자들의 멈출 수 없는 성격일 것이다. 좋든
싫든, 역사를 뒤에서 움직이는 힘이 되어온 것은 이러한 정신이
었다.

10

공기로부터 태어난 빵과 폭약—암모니아

유일한 무기화합물

이 책의 주인공은 탄소이다. 탄소야말로 생명현상, 물질생산, 에너지 이용 등 온갖 장소에서 주인공 역을 맡는 가장 중요한 원소이기 때문이다.

그렇다고 해도 탄소만으로 세상이 움직이는 것은 아니다. 주기율표에서 탄소의 옆에 있는 질소는 중요한 조연이다. 질소는 탄소보다 하나의 전자를 더 가지고 있는데, 여기저기에 결합을 시도함으로써 다양한 화학반응을 일으킨다. 단 하나의 전자의 차이가 품행이 단정한 탄소와 큰 차이를 만든다. 말하자면 탄소는 안정성을 담당하고, 질소는 변화를 일으키는 원소라고 할 수 있을 것이다.

또한 반응성이 높은 질소와 산소가 결합한 물질이 때로는 세상에서 가장 격렬한 화학반응, 즉 폭발을 일으킨다는 것은 앞에서도 이야기한 그대로이다. 이런 이유로 화합물과 역사의 관계를 말할 때에 질소를 빼놓을 수 없다. 따라서 이 장에서는 암모니아(NH_3)

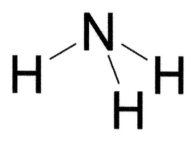

암모니아

의 역사에 대해서 이야기하고자 한다. 암모니아는 가장 기본적인 질소화합물로, 이 책에서 다루는 유일한 무기화합물이기도 하다.

100년 전의 원소 위기

희유금속(稀有金屬, rare metal) 문제가 최근 항간에 회자되고 있다. 희유금속은 휴대전화, 하이브리드 자동차, 하드디스크 등의 첨단제품 제조에 꼭 필요하지만, 자연에서 조금밖에 얻을 수 없는 금속 원소들을 말한다. 자석에 사용되는 네오디뮴(neodymium), 디스프로슘(dysprosium), 디스플레이에 사용되는 인듐(indium), 전지에 사용되는 리튬(lithium) 등이 희유금속의 대표 선수이다. 일본에는 희유금속에 의존하는 산업이 많고, 소비량도 세계에서 가장 많으므로 이것을 확보하는가, 확보하지 못하는가는 사활이 걸린 문제가 되었다.

그러나 일본은 주요한 희유금속 대부분을 중국으로부터 수입하고 있다. 이로 인해서 센카쿠(尖閣) 영토문제를 둘러싼 두 국가

간의 긴장 국면에서 희유금속은 국제분쟁의 도구로서 부각되었다. 일찍이 덩샤오핑은 "중동에 석유가 있다면, 중국에는 희유금속이 있다"고 이야기했다고 하니, 20년도 더 전에 이미 현재의 상황을 내다보고 있었던 것이다.

이렇게 희유금속이 중요시되는 것은 결코 만들 수 있는 자원이 아니기 때문이다. 석유, 물, 목재 등의 자원은 각종 원소가 일정한 형태로 결합한 것이다. 바탕이 되는 원소는 탄소, 수소 등 흔한 것이므로 그 원소들을 잘 결합하고, 재조합하면 새로 각종 자원을 만들 수 있다. 문제가 되는 것은 비용과 에너지뿐이다.

그러나 각종 희유금속은 그 자체가 "원소"이다. 원소는 문자 그대로 온갖 물질을 만드는 기본 요소이며, 새로 만드는 것이 불가능하다. 납을 금으로 만드는 것은 연금술사들이 수천 년에 걸쳐 추구해온 꿈이지만, 그것은 원리적으로 불가능하다. 다만 원자로 안에서 핵반응을 일으키면, 그 원소를 다른 원소로 바꾸는 것이 가능하지만, 상당한 비용이 들 뿐만 아니라, 방사성 폐기물이 대량으로 생기기 때문에 현실적으로는 불가능하다. "원소는 새로 만들 수 없다"라는 점이야말로 희유금속의 근본 문제라고 할 수 있다.

이와 같은 원소 위기는 희유금속에 국한되는 것이 아니다. 100년 정도 전에도 실제로 원소 부족으로 인해서 인류의 존속이 위협받은 사건이 있었다. 그 원소가 바로 이 장에서 다루고 있는 질소이다.

공기의 80퍼센트를 차지하고, 지구 모든 곳에 존재하는 질소가 부족했다는 사실이 당장에는 믿기 힘들 것이다. 그러나 현실에서 그 위기는 일어났고, 화학자들의 노력으로 위기를 벗어날 수 있었기 때문에 오늘날의 인류가 존재하는 것이다.

질소를 보급하라

"기름진" 땅, "메마른" 땅이라는 말이 있다. 이것은 식물의 성장에 필요한 질소, 인, 포타슘(칼륨) 등이 토양 중에 어느 정도 포함되어 있는지에 따른 표현이다. 특히 질소는 식물의 체내에서 단백질, 아미노산, DNA, 엽록소와 같은 중요 화합물에 포함되어 있어, 식물에는 없어서는 안 될 중요한 역할을 한다. 질소 없이는 생물의 생육은 완전히 절망적이며, 동물에도 필수적인 원소이다.

조금 복잡한 사안이지만, "질소(nitrogen)"라고 할 때에는 두 가지 의미가 있다. 암모니아와 질산, 단백질 등에 들어 있고, 기호 N으로 표기하며, 원소로서의 질소를 의미하는 것이 그 하나이다. 그리고 그 질소가 2개 연결되어 만들어진 분자(N_2)도 "질소"라고 부른다. 후자는 기체이며 우리가 호흡하는 공기의 80퍼센트를 차지하고 있다. 이 장에서는 후자를 "질소 가스"라는 명칭으로 구별하기로 하겠다.

성가시게도, 공기 중에 있는 많은 질소 가스는 식물을 생육시키는 역할은 하지 못한다. 질소 가스는 질소 원자들이 삼중 결합으로 이어져 있으나, 이 결합은 극히 견고하여 질소 원자들을 서로 분리하는 데에는 거대한 에너지가 필요하다. 이로 인해서 질소 가스는 다른 물질과 거의 반응을 하지 않는다. 장롱 속에 현금을 쌓아두는 것이 경제 활성화에 기여하지 못하는 것과 마찬가지로 화학반응에 참여하지 않는 물질은 생명에도 존재하지 않는 것이나 다름없다.

질소가 식물의 체내에 들어가서 활용되기 위해서는 N_2 분자의 견고한 결합을 끊고, 암모니아와 질산염 등의 형태로 바꾸어야 한다. 이 변환을 "질소 고정(窒素固定, nitrogen fixation)"이라고 한다. 암모니아라고 하면, 코를 찌르는 화장실의 악취의 원인으로 유명할 것이다. 그러나 암모니아는 질소 분자와는 완전히 다른 높은 반응성을 보이기 때문에, 쉽게 각종 유기화합물 속에 들어가서 다양한 생체(生體) 분자의 일부가 된다. 단순히 악취가 심한, 기분 나쁜 것이 아니라, 생명과 역사를 지탱해온 중요한 물질이다.

질소 고정반응을 행하는 것은 자연계에 단 두 가지가 존재한다. 하나는 번개이다. 전기 에너지는 공기 중의 질소 분자를 파괴하여, 산소와 질소를 화합시킨다. 그리고 다른 하나는 콩과 식물의 뿌리에 기생하는 특수한 세균이다. 이 세균이 가지고 있는 질소고정효소(窒素固定酵素, nitrogenase)는 질소 분자를 암모니아로 변환시키는 힘을 가지고 있다.

농민들은 예전부터 같은 밭에서 보리와 옥수수를 매년 똑같이 경작하는 것보다 콩 따위와 번갈아가며 재배하는 "윤작(輪作)"을 행하는 것이 좋다는 사실을 경험적으로 알고 있었다. 이것은 콩의 뿌리에 있는 박테리아가 공기 중의 질소를 고정시켜 땅을 비옥하게 만들기 때문이다.

그러나 인구가 증가하여 작물의 생산량 증가에 쫓기게 되자, 뿌리혹 박테리아가 공급하는 질소 정도로는 만족할 수 없었다. 따라서 인류는 암모니아를 포함하는 비료를 밭에 뿌려, 지력을 회복시키려는 노력을 시작했다. 예를 들면 인간과 가축의 분뇨가 비료로서의 가치를 가진 것은 고대부터 경험적으로 알려져 있었다. 일본과 중국에서도 이런 "거름"은 귀중품이었으며, 그 판매는 중요 산업이 되었다.

에도 시대에는 "말린 정어리"가 비료로 사용되었다. 말린 정어리는 질소를 포함한 각종 단백질과 인산 등이 풍부하게 함유되어 좋은 비료가 되었다. 말린 정어리를 목화나 채소의 뿌리 부근에 하나씩 꽂아두면, 생산량이 현격하게 증가했다. 그 즉효성은 농가에는 무엇과도 바꿀 수 없을 정도로 매력적이었으며, 말린 정어리의 수요는 급증했다. 근해의 정어리를 몽땅 잡아들인 후에는 시코쿠(四國), 규슈(九州)로부터 홋카이도(北海道)까지 어장을 확대했다.

시바 료타로의 소설 『유채꽃의 바다』의 주인공 다카다야 가베도 이런 비료를 취급하며 성장한 상인 중 한 명이다. 거리(현재의 하코다테 시)를 정비하고, 이트루프, 쿠나시르 섬에까지 진출하는 그는, 러시아 선박에 나포되는 등 파란만장한 생애를 보낸다. 비료에 대한 수요가 간접적으로 홋카이도의 개척과 국제분쟁으로까지 이어진 것이다.

구아노의 섬

19세기 무렵부터 서양에서도 비료의 수요가 확대되었다. 인구가 계속해서 증가한 데다가 특히 그들의 주식인 밀을 재배하는 데에는 다량의 질소가 필요했기 때문이다. 이 시대에 주목을 받은 것은 페루의 앞바다에 떠 있는 작은 섬 친차 제도였다.

이 섬은 수만 년에 걸쳐 바다 새의 배설물과 사체가 쌓이면서 형성된 "구아노(guano)"로 덮여 있었다. 구아노는 요산과 암모니아를 풍부하게 포함하고 있으며, 인산염도 많았기 때문에 이상적인 비료라고 할 수 있었다.

당시의 농업 잡지에는 "현자의 돌, 불노장생의 약, 영구기관(永久機關) 등이 발견된다면, 그것은 농업에서는 구아노의 사용에 필적한다"라고까지 쓰여 있다. 척박한 땅을 비옥하게 만들고, 풍성한 수확을 약속하는 구아노야말로 마법의 가루라고 할 수 있었다.

구아노는 각국의 주목을 끌었고, 구미 각국은 구아노 확보를 위해서 애를 썼다. 페루 정부는 구아노로 거액의 이익을 거두었고, 1859년에는 구아노가 거둬들인 수입이 국가 예산의 4분의 3을 차지하기에 이르렀다. 새의 배설물이 한 나라를 부양했다는 것은 정말 기묘한 이야기이다.

1863년에는 친차 제도를 둘러싸고 전쟁까지 발발하게 되었다. 스페인군 사령관이 구아노를 노리고 강압적으로 이 섬을 점령했던 것이다. 일찍이 스페인의 식민지였던 페루와 칠레가 이에 반발하여 선전포고를 함으로써 결국 사령관은 자살하게 되었고 섬을

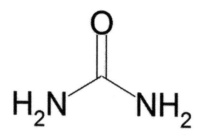

요소

탈환했다.

그러나 이 무렵 결국 구아노는 바닥을 드러내기 시작했다. 새들이 수천, 수만 년에 걸쳐 축적한 구아노를 인간은 겨우 20년 만에 전부 탕진하고 만 것이다.

구아노 확보의 필요성에 쫓긴 미국은 1856년에 "구아노 섬 법"을 제정했다. 이것은 미국 시민이라면 누구나 구아노가 있는 섬을 발견하는 즉시, 영유권을 주장하여 미국의 영토에 포함시킨다는 실로 폭압적인 법률이었다. 실제로 태평양에 있는 웨이크 섬과 미드웨이 제도가 이 법률에 의해서 미국 영토에 편입되었다. 이 섬들은 곧 군사거점으로 정비되어, 태평양 전쟁의 운명을 가른 분기점이 되기도 했다.

초석의 시대

지상 최강의 비료였던 친차 제도의 구아노가 사라진 후에, 주목받은 것이 남아메리카의 칠레 북서부에 있는 아타카마 사막의 초석(硝石, saltpeter : 질산포타슘의 광물 이름)이었다. 이곳은 세계에서 가장 건조한 땅으로 일컬어지는 곳으로 40년간 비가 한 방울도 내리지 않은 지역이기도 하다. 이로 인해서 보통 빗물에 녹아서 씻겨내려가야 할 물질이 이 지역에는 풍부하게 퇴적되었다. 질산소듐($NaNO_3$)도 그중의 하나이다. 지상에 존재하는 질산소듐은 거의 대부분이 이 지역에 집중되어 있다. 그리고 이 물질도 암모니아와 마찬가지로 질소를 함유하고 있는 비료로서 유력한 물질이었다.

뿐만 아니라 이 질산소듐은 이전 장에서도 이야기했듯이 폭약의 원료이기도 하다. 니트로글리세린이나 TNT(trinitrotoluene)와 같은 고성능 폭약도 모두 이 질산화합물로부터 합성된다. 구미 열강이 급속하게 제국주의 정책을 취하고 있던 이 시대에 식량과 탄약의 증산은 각국의 최우선 과제였으며, 남아메리카의 초석은 단번에 시대의 총아가 되었다.

초석이라는 자연자원에 의해서 다시 페루는 거대한 부를 얻게 되었지만, 머지않아 이 지역을 둘러싸고 볼리비아와 칠레와의 사이에 분쟁이 발발했다. 1879년부터 5년에 걸친 이 "초석전쟁"에서 전면적인 승리를 거둔 것은 칠레였다. 칠레는 아타카마 사막 전역을 확보하고, 이후 이곳에서 나는 초석은 "칠레 초석(Chille saltpeter)"으로 불리게 되었다. 어느 시대에든 자원이 있는 곳에 분쟁이 일어나고 강한 자가 그것을 차지하는 도식에는 변함이 없다. 어쨌든 이로부터 20년 동안에는 칠레 초석이 세계를 지배했으며, 1900년에는 지구상의 비료의 3분의 2를 차지하게 되었다. 남아메리카의 건조한 사막이 세계의 식량을 지탱했던 것이다.

그러나 아타카마 사막에 널려 있는 막대한 초석조차 결국 무한은 아니었다. 친차 제도의 구아노와 마찬가지로, 언젠가 고갈의 시기가 다가올 것임은 누구에게나 명백했다. 그런 미래를 외면한 채, 초석은 사막에서 급속하게 굴착되었고, 정제소는 끊임없이 건설되었다.

크룩스의 예언

19세기가 끝나갈 무렵에 한 영국인 과학자의 연설이 갑자기 전 세계적인 논쟁을 불러왔다. 그의 이름은 윌리엄 크룩스이다. 그는 탈륨(thallium)의 발견, 음극선(전자선)의 발견으로 유명하지만, 도시의 배수, 다이아몬드의 기원, 뿐만 아니라 강령술(降靈術)의 연구에까지도 손을 뻗친 그 시대의 만능 과학자였다. 그가 그 연설을 행한 것은 1898년 영국 과학 아카데미 회원 취임 때였다. 이 성대한 자리에서 갑자기 그는 "이렇게 계속된다면, 이후 30년 내에 많은 문명국가가 기아를 맞게 된다"고 이야기를 시작하여, 청중을 아연실색하게 했다.

그의 논지는 명쾌했다. 세계의 인구는 계속 증가하고 있지만, 1인당 식량 생산고는 줄어들기 시작했기 때문이다. 인구의 급증을 가져온 것은 18세기에 일어난 산업혁명 덕택이었다. 세계 인구는 1750년에 8억 명에 도달했으나, 이로부터 불과 150년 만에 두 배인 16억 명으로 증가했다. 그러나 개간 가능한 경지에는 한계가 있고, 식량 생산은 이후의 인구 증가를 지탱할 정도의 여지를 보여주지 않았다.

이미 1798년, 토머스 맬서스는 자신의 주요 저서『인구론(*An Essay on the Principle of Population*)』에서 이 문제를 논리적으로 지적한 바 있었다. 요컨대 인간의 수는 기하급수적으로 증가하는 반면, 식량 생산은 산술급수적으로밖에 증가할 수 없다는 것이다. 그러므로 어느 시점에서인가 파탄을 맞이하는 것은 피할 수 없다는 것이 맬서스의 주장이었다.

크룩스는 머지않아 그 시간이 눈앞으로 다가올 것이라고 말했다. 그의 계산에 의하면, 열쇠가 되는 요인은 질소 비료의 양이다. 이후 30년 동안, 현재 세계의 농지를 윤택하게 해주는 칠레 초석이 고갈되면, 인류를 부양할 정도의 식량은 이미 생산이 불가능해진다고 그는 역설했다.

그뿐만이 아니라 그는 그 해결책을 제시했다. 지구상에는 사용하지 않은 질소가 무진장 존재한다. 말할 필요도 없이 우리가 숨쉬는 공기의 성분이다. 이 질소 가스를 분해하여 이용 가능한 형태로 변환하는, 즉 인공 질소 고정을 실현하는 것이 인류 존속의 유일한 길이라고 그는 설명했다.

이 충격적인 주장은 현대의 지구 온난화 문제와 같이 각 방면으로부터 엄청난 반향과 논의를 불러일으켰다. 그러나 현실의 숫자를 외면한 채 초석은 아직 남아 있으며 식량 위기는 오지 않았다고 주장하는 사람들도 있었다. 그러나 칠레 초석이 없어지지 않는다고 이야기하는 것은 물론 있을 수 없는 일이었다. 그대로 진행된다면, 빠르면 1920년대, 늦어도 1940년대에 인류는 대기근 시대를 맞이하게 된다. 인류의 앞길에 기다리고 있는 함정을 피하는 일은 화학자들에게 맡겨지게 되었다.

하버의 등장

당시 세계에서 가장 화학이 발달한 나라는 독일이었다. 크룩스의 부름에 응답한 발터 네른스트, 빌헬름 오스트발트 등 나중에 노벨상을 수상하게 되는 거물 화학자들이 즉시 인공 질소 고정이라는 난제에 뛰어들기 시작했다.

당초 고안된 인공 질소 고정법은 번개를 모방한 방전(放電)을 사용하는 것이었다. 확실히 이 방법으로 질소는 질산으로 변환되었지만, 큰 단점이 있었다. 그 하나는 전기가 대량으로 소비된다는 점이다. 당시 전기는 지금보다 훨씬 더 비쌌다. 그리고 다른 하나는 생성되는 질산의 부식성이 강해서 용기가 파괴되는 것이었다. 이렇게 되자, 질소를 수소와 결합시켜서 부식성을 낮춘 암모니아로 변환하는 방법이 고안되었다.

여기에서 이름을 알리게 된 것이 바로 프리츠 하버이다. 그는 유대인 가정에서 태어나서 1906년에 서른일곱 살의 나이로 독일 남서부의 카를스루에 공과대학의 정교수로 승진한 참이었다. 당시로서는 상당히 늦은 진급이었는데, 아마 인종차별의 영향도 있었을 것이다. 그러나 재능과 에너지가 넘치던 하버는 생활도 잊고 인공 질소 고정이라는 큰 문제와 씨름하게 되었다.

암모니아 합성에는 세 가지 요소가 필요했다. 우선 질소 분자의 결합을 파괴하기 위해서 고열을 가해야만 했다. 또 높은 압력도 필요했다. 부피 1의 질소(N_2)와 부피 3의 수소(H_2)가 반응함으로써 부피 2의 암모니아(NH_3)가 만들어지기 때문에 반응의 전후에 부피는 절반으로 줄어든다. 즉 높은 압력에서 반응하게 하면, 부피를 줄이려는 힘이 작용하여 암모니아가 만들어지기 쉽다.

마지막 요소는 "촉매"라고 부르는 것이다. 촉매는 신랑과 신부를 이어주는 중매인과 같이 화학반응을 촉진시키지만, 자신은 영향을 받지 않는 물질이다. 하버는 화학 기업 BASF와 손을 잡고, 정력적으로 촉매가 되는 화합물을 찾기 시작했다. 당시 발견한 것은 오스뮴(osmium)이라는 고가의 금속이었지만, 머지않아 철을 기본으로 한 각종의 금속산화물의 혼합물이 가장 적합하다는 결론에 도달하게 되었다. 이를 위해서 그는 2만 번 이상의 실험을 반복했다고 한다.

고압이라는 조건은 훨씬 더 어려운 문제였다. 당시의 기술로는 7기압 정도를 견디는 소규모의 장치가 최대치였으나, 필요한 것은 200기압을 견딜 수 있는 거대한 화학 설비였다. 이런 너무나 터무니없는 요구에 모두들 희망을 단념하고 있는 때에 한 남자가 단호하게 이 문제에 뛰어들었다. 야금(冶金), 장치 설계에 뛰어난 천재 기술자로서, 나중에 거대 화학 콘체른 IG 파르벤인두슈트리 (Interessen-Gemeinschaft Farbenindustrie)의 창립자가 된 카를 보슈였다.

보슈는 단번에 문제 해결을 꾀한 엄청난 발명을 한 것이 아니라, 작은 연구들을 거듭하여 해결해가는 방법을 채택했다. 반응용기에 특수한 합금을 사용하고, 시행착오를 거쳐 진공관 형상을 결정하여 독자적으로 압축기를 설계했다. 장치의 폭발사고도 몇 번이나 경험하면서 마침내 1913년 암모니아 합성 공장이 가동을 시작했다. 그들이 설계한 그 기계는 한순간에 수 톤의 암모니아를 뿜어냈다. 크룩스의 예언이 있고 나서 겨우 15년 만에 인류는 실질적으로 무한한 양의 고정된 질소를 손에 넣게 되었다.

이 하버-보슈법은 화학공업사상 최고의 성공 사례로 꼽힌다. 현재 세계 각지에 있는 암모니아 합성 공장은 오늘날에는 우리의 식료에 함유되어 있는 질소의 3분의 1을 제공하고 있다. 달리 말하면 하버-보슈법에 의한 질소 생산이 없었다면, 전 세계적으로 엄청난 기아에 시달렸을 것이다.

이런 업적으로 하버는 1918년에, 보슈는 1931년에 각각 노벨 화학상을 수상했다. 하나의 업적으로 2번의 노벨상이 수여된 예를 필자는 이것 이외에는 알지 못한다. 이렇게 뛰어난 성과를 거둔다면, 누구라도 인정할 수밖에 없을 것이다.

겨우 몇 년이라는 단기간에 이렇게 엄청난 난제가 해결되었다는 것은 인류 역사상의 기적이라고 해야 할 것이다. 이 업적은 하버와 보슈에게만 돌아가서는 안 될 것이다. 선구적인 연구를 행한 오스트발트, 이론적 검증을 행한 네른스트, 기계 설계와 화학 양면에서 공헌한 르 로시뇰, 정력적으로 촉매를 검토한 알빈 미타슈 등 많은 훌륭한 인재들이 여기에 공헌했다.

인공 질소 고정은 당시의 독일이라는, 세계 최고봉의 화학자가 절차탁마하는 "무대", 하버의 탁월한 리더십, 인류를 구한다는 명쾌하고 중대한 목표, BASF와 국가가 제공하는 완벽한 재정적 후원—이런 요소들이 모이지 않고서는 성공할 수 없었던 기적이었다. 대체로 엄청난 발명은 이러한 것일 것이다. 서로 대립하기도 하고, 자극을 받기도 하면서 연구에 매진한 당사자들에게도 꿈만 같은 하루하루였음이 분명하다.

초연(硝煙)의 시대

하버-보슈법 덕분에 세계는 풍부한 식량을 누릴 수 있게 되었다. 그때까지 주목의 대상이었던 칠레 초석은 점차 인기를 잃었고 그 생산시설도 머지않아 방기되었다. 그 일부가 유적이 되어 현재는 세계문화유산으로 지정되어 있다. 하버의 이름은 "공기로 빵을 만든 남자"로 세계에 알려지게 되었다.

그러나 이 무렵 유럽은 불온한 공기에 휩싸이게 되었다. 1914년 6월 사라예보에서 오스트리아의 황태자가 암살되는 사건을 계기로 세계는 유례가 없는 대규모의 전쟁에 휘말려들게 되었다. 하버의 모국 독일은 제1차 세계대전을 주도했다.

하버-보슈법은 이 전장에서도 커다란 위력을 발휘했다. 이 방법으로 생산된 암모니아는 산화되면, 탄약을 만드는 데에 없어서는 안 될 질산으로 변환될 수 있다. 독일은 해상봉쇄를 당해 초석의 수입이 중단된 후에도 이 방법으로 폭약을 계속해서 제조할 수 있었다. 독일이 공기로 무한정 폭약을 만들어낸다는 정보만큼 연합국을 공포에 떨게 한 것은 없었다.

열렬한 애국자였던 하버는 다른 수단으로도 전쟁에 공헌했다. 그는 염소, 이페리트(ypérite), 포스젠(phosgene), 치클론 B(Zyklon B)라는 독가스를 개발하고, 전장에서 그 사용법을 지휘하기까지 했다. 하버의 아내 클라라는 이런 비인간적인 행위에 항의하기 위해서 스스로 목숨을 끊었지만, 그럼에도 불구하고 그는 독가스 개발에서 물러서지 않았다.

이처럼 맹목적으로까지 하버를 움직이게 한 것은 무엇이었을까? 『독가스 개발의 아버지 하버—애국심을 배반당한 과학자』의 저자 미야다 신페이는 "그가 유대인이었던 사실과 관계가 있지 않을까"라고 보고, "그 때문에 그는 좀더 독일인이 되려고 했다"고 이야기하고 있다. 필자도 이 견해에 동의한다.

어쨌든 이렇게까지 해서 그가 모든 것을 바친 독일은 1918년 11월에 휴전협정에 서명하고, 굴욕적인 패배를 당했다. 패전의 혼란 속에서 황제는 퇴위하고, 공화국이 되었으나 머지않아 나치가 대두했다. 국가를 사랑해서 대량살육으로까지 손을 더럽힌 하버는 자신의 유대인 혈통 때문에 나치에 의해서 국외 추방의 쓰라림을 겪었으며, 두 번 다시 조국 땅을 밟지 못했다. 그가 개발한 독가스는 아우슈비츠의 강제수용소에서 사용되어 그의 친족을 포함한 600만 명의 유대인의 목숨을 앗아갔다. 긍정적인 면과 부정적인 면에 모두 영향을 준 그의 거대한 업적과 상당히 복잡한 생애를 아우를 수 있는 말을 필자는 도저히 찾을 수가 없다.

하버의 유산은 지금은

하버와 보슈가 고안한 생산법은 기본적으로 거의 동일한 시스템 그대로 지금까지도 세계에서 가동되면서 공기를 비료로 바꾸고 있다. 인류가 기아에 직면하지 않고 오히려 풍요로운 식생활을 누리면서 현재 70억 명의 인구에 도달하게 된 것은 전적으로 하버-보슈법의 덕분이다.

그러나 과도하게 거대해진 시스템은 폐해를 불러오게 되었다. 그 하나는 에너지 소비의 문제이다. 고온고압의 조건에서 반응을 일으켜야만 하는 하버-보슈법은 엄청난 에너지를 소비하는 방식이다. 다른 하나는 원료가 되는 수소의 제조에도 높은 에너지 비용이 요구된다는 것이다. 이로 인해서 현재 인류가 소비하는 에너지의 몇 퍼센트가 여기에 전용됨으로써 그만큼 크게 늘어난 이산화탄소가 방출되고 있다.

현재 상온과 상압에서 질소 고정을 행하는 방법에 대한 연구가 진행되고 있으나, 상용화는 아직 요원한 듯하다. 일본은 현재 이 분야의 연구를 선행하고 있으나, 이 사업의 중대함에 비해서 주목도는 낮다. 물론, 예를 들면, 유도만능줄기세포(induced pluri-potent stem cell, iPS)에 대한 연구도 중요하지만, 질소 고정은 그것보다도 우선하여 진행해야만 하는 과제라고 필자는 생각한다. 의료가 아무리 발전한다고 해도, 에너지와 식량이 없으면 인간은 살 수 없다.

그러나 지나치게 질소 고정을 무조건적으로 추진할 수 없는 사정도 있다. 하버-보슈법에 의해서 고정된 질소는 비료로서 밭에 뿌려지지만, 그 대부분은 식물에 흡수되지 않고 토양에 잔류한다. 이것이 하천을 거쳐 바다로 흘러들어가기 때문에 바닷물이 부영양화되어 적조 현상이 발생할 가능성이 크다. 그리고 고정 질소의 일부는 대기 중에 들어가서 각종 질소화합물로서 대기오염과 산성비의 원인이 되기도 한다. 일산화질소 등은 온실효과도 크고, 지구 온난화에 대한 영향도 커서 근심거리가 되고 있다. 고정된 질소를 원래의 질소 가스로 되돌리는 것과 같은 새로운 질소 순환을 구축하는 방법도 현재 검토하지 않으면 안 될 것이다.

끝나지 않는 원소 위기

질소가 부족해질 것이라는 크룩스의 예언은 실현되지 않았으나, 다른 하나의 원소 위기도 다가오고 있다. 질소와 마찬가지로 비료의 3요소 중 하나인 인(燐)이다. 이 원소는 DNA와 RNA의 합성에 꼭 필요하며, 식물이 성장하는 데에 필수적인 원소이다.

태평양 중부의 적도 바로 아래에 있는 섬나라 나우루(Nauru)는 국토 전체가 인산질(燐酸質)의 광석으로 이루어져 있다고 해도 좋을 나라였다. 인광석의 수출로 인해서 국가는 윤택해졌고, 국민들에게는 일하지 않아도 일정 금액이 지급되었으며, 세금도 없고, 의료비와 전기요금도 무료인 꿈 같은 국가였다. 그러나 21세기에 들어서 인광석이 고갈되자 나우루 경제는 순식간에 붕괴되었다. 이로 인해서 폭동이 발생하여 외국과의 연락이 끊어졌으며,

한순간에 국토 전체에 통신이 불통되는 등 전대미문의 사태가 발생했다.

지금과 같은 속도로 인 수요의 증가가 계속된다면, 경제적으로 채굴 가능한 인광석이 지구에서 고갈되는 것은 2060년경이 될 것으로 전망된다. 바이오 연료의 생산 확대와 같은 요인도 작용하고 있으므로 인 수요의 앞날은 예측이 불가능하다. 희유금속의 예에서도 알 수 있듯이 자원 쟁탈전은 그 자원이 완전히 고갈되기 직전까지도 계속되므로 시간은 생각한 만큼 많지 않다. 즉 2008년, 인광석의 산지인 중국 쓰촨 성(四川省)의 대지진 때 가격이 폭등하여 세계의 농업이 타격을 받았던 사태도 발생했다.

인은 질소처럼 공기로부터 추출할 수 없으며 회수도 어렵다. 공업제품에 사용되는 원소라면 다른 것으로 대체하거나 사용량을 삭감하거나 하는 방안을 고려할 수 있으나, 비료에 사용되는 인에 대해서는 그것도 힘들다. 질소보다도 문제의 뿌리는 더 깊다.

물론 고갈이 머지않은 자원은 인뿐만이 아니다. 각종 금속과 물조차도 위기는 다가오고 있다. 21세기는 계속해서 증가하는 인구와 감소하는 자원 사이에서 인류가 절박한 줄타기를 이어가는 시대가 될 것이다.

이런 시대를 맞게 되는 이때, 질소 고정의 사례를 깊이 참고해야 할 것이다. 크룩스의 선견지명, 하버-보슈의 문제 해결 능력이 많은 분야에서 필요해질 것이다. 눈앞의 번영에 취해 자명한 파탄을 피하지 못한 나우루 사람들을 비웃을 자격이 과연 우리에게 있는 것일까?

11

역사상 최강의 에너지—석유

석탄과 석유

지금까지 이야기했듯이 우리의 문명은 새로운 에너지원을 손에 넣을 때마다 비약적으로 발전해왔다. 소나 말과 같은 가축의 힘은 새로운 토지의 개간을 크게 도왔으며, 풍력을 이용한 범선은 인류의 행동범위를 그때까지와는 확연히 다르게 확장시켰으며 대항해시대를 도래하게 했다.

그중에서도 인류의 세력 확대에 중요한 역할을 한 것은 불의 에너지였다. 화톳불을 피우게 됨으로써 인류는 어두운 밤을 안심하고 보내게 되었고, 추운 지역에서도 살 수 있게 되었다. 인간과 동물을 나누는 기준으로 언어와 도구의 사용이 흔히 꼽히는데, 실제로는 동물에게서도 널리 관찰되었다. 예를 들면 침팬지에게 수화를 가르치면 독설과 거짓말까지 할 수 있게 되고, 화폐경제를 가르치면 매춘과 강도 행위까지 발생한다고 한다. 그러나 오직 불만은 인간 이외의 동물이 사용한 예는 알려져 있지 않다. 무기로도, 조리에도, 도구의 제작에도 유용하며, 불이라는 만능의 에너지가 없었다면 인류는 발전하지 못했을 것이다.

연료로서 처음에 널리 사용된 것은 당연히 나무였다. 나무의 주성분은 셀룰로오스와 리그닌이라는 탄소화합물이다. 연소라는 현상은 원자끼리의 결합의 재조직에 의해서 일어난다. 탄소끼리의 결합이나 탄소-수소의 결합이 파괴되어 공기 중의 산소와 결합하는 것으로 이 결합 에너지의 차이가 열과 빛으로 방출되는 것이다. 셀룰로오스는 처음부터 많은 산소를 가지고 있기 때문에 연소할 때의 에너지는 비교적 낮다. 그러나 나무는 무엇보다 손쉽게 구할 수 있는 연료였기 때문에 초기부터 인류의 문명을 지탱해왔다.

그러나 에너지를 얻기 위해서 무엇인가를 태우면, 부작용처럼 무엇인가 해로운 것이 발생한다. 예를 들면 고대 그리스는 3,000년도 더 이전에 삼림 벌채에 의한 물 부족과, 농지의 황폐화에 의한 대폭적인 인구 감소를 겪게 되었다. 중남미의 마야 문명과 남태평양의 이스터 섬 문명이 쇠퇴한 것도 역시 삼림 파괴가 그 원인으로 지목되고 있다.

나무에 의존하지 않는 연료로는 영국에서는 로마 시대부터 석탄이 사용되어왔다. 석탄은 함유 산소가 적기 때문에 열량의 측면에서는 우수한 연료였다. 그러나 석탄에 함유된 유황 성분이 연소되면서 황산 등이 발생하고, 불완전 연소로 인해서 생기는 매연도 대기 오염의 원인이 된다. 일찍이 13세기부터 런던 거리는 매연에 휩싸여 커다란 사회문제가 되었다. 국왕 에드워드 1세는 더 이상 견디지 못하고 석탄의 사용을 금지하는 법령을 발효했으며, 이를 위반하는 사람은 목이 잘리는 엄벌에 처해졌다. 강력한 에너지원을 얻는 것은 인류를 새로운 수준으로 비상시켰지만, 여기에는 부정적인 측면도 항상 동반된다. 18세기에 영국에서 일어난 산업혁명도 마찬가지였다.

산업혁명을 떠받친 불

산업혁명은 인류 역사에서 일대 전환점이었다. 그 특징은 "발명이 발명을 부르는 시대"였다. "나는 베틀"의 개발로 인해서 직조(織造) 공정이 고속화되고, 실의 공급이 이를 따라올 수 없게 되자 각종 방적기가 개발되기 시작했다. 구리 광산의 배수 펌프로서 개발된 증기기관이 다른 기계의 동력으로도 채용되어 다방면에 걸쳐 효율성이 향상되었다. 거대한 진보라고 할 수 있는 일이 이곳저곳에서 산발적으로 일어나지 않고, 이와 같이 동시다발적으로 일어나는 경우도 간혹 있다.

산업혁명이 영국에서 일어난 이유는 이른바 계몽사상의 시대에 과학 정신이 끊임없이 침투하고 있었던 것, 설탕의 삼각무역(제2장)으로 얻은 부로 부유해진 것 등에서 찾을 수 있다. 진보를 선동하는 시대의 분위기, 풍부한 자금, 그리고 재능 있는 사람들이 서로를 자극하는 환경 등이 한데 합쳐졌을 때, 드물게 일어나는 현상인 것이다. 이것은 문화적인 측면에서도 마찬가지로, 르네상스 시대의 이탈리아, 19세기의 파리 등에서도 이런 일이 일어났다.

이런 소프트웨어적인 면에 더해 에너지의 측면에서도 그런 현상을 뒷받침하는 혁신이 있었다. 즉 석탄을 오랫동안 가열해서 얻은 코크스의 개발이다. 석탄은 방향족 고리(말하자면 "거북의 등껍질")를 다수 함유한 복잡한 유기화합물의 집합체이지만, 연소에 방해가 되는 성분도 가지고 있다. 공기를 차단하고 강한 열을 가하면 이들 성분이 분해되어 콜타르와 역청이 되어, 유황과 함께 빠져나온다. 이로 인해서 탄소의 순도가 높아지고 고온으로의 연소가 가능해질 뿐만 아니라 연기 중의 유해물질도 감소하게 된다.

코크스로 고열을 쉽게 얻을 수 있게 됨으로써 제철기술이 대폭 진보했다. 1750년에 2만8,000톤이었던 영국의 무쇠[銑鐵] 생산량은 100년 후에는 200만 톤으로 급증했다. 말할 필요도 없이 철은 모든 공업의 토대이며, 온갖 제품을 생산했을 뿐만 아니라 증기선, 철도에 의한 교통망에도 혁명을 일으켰다.

잉글랜드 및 웨일스의 에너지는 1750년에는 60퍼센트 정도가 석탄으로 조달되었지만, 이 비율은 1850년에는 90퍼센트로 증가했다. 프랑스와 이탈리아의 공업화가 크게 늦은 것은 석탄이 생산되지 않은 것이 큰 요인으로 작용했다. 두 나라의 공업화는 19세기 말의 전기 에너지의 보급을 기다리지 않으면 안 되었다. 산업혁명이라는 것은 실제로는 에너지 혁명이기도 했다.

산업혁명은 그때까지 생각하지 못했던 대폭적인 경제성장을 가져왔으며 인구를 급증시켰다. 잉글랜드의 인구는 1700년대에는 500만 정도였지만, 1851년에는 1,680만에 이르렀다. 사람들은 도시에 밀집해서 살고, 집에서 공장으로 통근하는 생활양식이 탄생했다. 이 여파는 유럽 전체로 퍼져서 각국에서 도시화가 진행되었다. 그때까지 경제적인 면에서 앞섰던 아시아 국가들을 압도하고 유럽이 세계를 지배하는 큰 계기가 되었다.

공해 문제

오늘날에는 위대한 진보의 시대로서 상찬되는 산업혁명이었지만, 당시의 사람들에게는 결코 긍정적인 변화만 있었던 것이 아니었다. 공업화에 따라서 다양한 피해가 발생했고 사람들의 생활을 위협했기 때문이다.

앞에서 설명했듯이 코크스는 유황 성분 등이 제거되어 있기 때문에, 원래의 석탄과 비교하면 피해가 적다. 그러나 많은 양을 사용하게 되면 역시 매연이 심각해지게 된다. 공장의 굴뚝이 뿜는 매연은 사람들의 건강을 해쳤고, 시인 윌리엄 블레이크는 이런 공장을 가리켜 "새까만 산타의 집"이라고 했다. 빅토리아 시대의 런던이 "안개의 도시"가 된 것은 석탄을 태워서 나온 매연으로 인해서 안개가 자주 발생했기 때문이다.

이 영향은 오랜 기간 계속되어, 제2차 세계대전 후인 1952년에는 석탄 스토브에서 배출된 산성의 연기가 스모그를 일으켜, 일주일 동안 4,000명 이상이 호흡기 질환 등으로 사망하는 대참사가 영국에서 벌어졌다. 겨우 60년 전의 영국의 대기는 현재의 베이징에 필적하는 오염도를 가지고 있었던 것이다.

결정적인 수단의 등장

세계 각국에서 석탄 연료의 악영향이 나타나기 시작한 19세기 중반, 마침내 궁극의 연료가 등장했다. 세계가 갈망해온 그 연료의 이름은 바로 석유이다. 오늘날의 시각으로는 약간 위화감이 있으나, 석유는 석탄에 비해서 청정하며 훨씬 지구에 우호적인 연료이며, 환경 문제의 구세주로서 등장했다.

그렇다고 해도 석유가 이 시대에 처음으로 세상에 알려진 것은 아니다. 예를 들면, 기원전 2500년경의 이집트의 미라에도 방부제로서 석유 성분(아스팔트)이 사용되었다. 구약성서에 의하면, 노아의 방주도 안팎으로 아스팔트를 발라서 확실히 방수처리를 했다고 한다.

일본에서도 덴지(天智) 천황 시대(668년)에 현재의 니가타 현에서 불타는 물과 불타는 흙을 헌상 받았다는 기록이 있다.

그러나 오래 전부터 알려져 있었던 석유의 가능성은 계속 무시되어왔다. 인류가 직접 본 것은 지상에 스며나온 소량의 석유뿐이었고, 지하에 이 정도로 많은 양의 석유가 있다고는 누구도 상상하지 못했다.

처음 대규모로 유전 개발이 행해진 것은 19세기 중반이다. 현재 세계의 경제와 산업을 움직이고 있는 석유는 사실상 겨우 1세기 반의 역사를 가졌을 뿐이다.

드레이크의 어리석은 행동

석유를 채굴하여 대부호가 된다는 인생 역전의 꿈을 꾼 사람들도 있을 것이다. 역사상 처음으로 그 꿈을 이룬 인물은 에드윈 드레이크라는 이름의 남자이다. 정확하게 말하면, 그는 유전을 채굴하기는 했지만, 큰 부자가 되지는 못했다.

발단은 다트머스 대학교의 연구실에 한 졸업생이 "록 오일(rock oil)"을 가지고 들어온 것이었다. 그는 펜실베이니아 주의 타이터스빌이라는 작은 마을에서 지면에 스며나와 있는 기름에 흥미를 가지고 분석을 위해서 소량을 가져왔다. 이 오일에 주목한 것이 변호사인 조지 비셀이라는 사람이었다. 그는 대량으로 채취된다면, 조명용으로 사용할 수 있을 것임을 직감하고 몇 명의 투자자를 모집했다.

이때 이 일을 담당하도록 권유를 받은 것이 드레이크였다. 그는 일자리를 찾아다니던 굴착 기사로, 당시에는 철도회사의 사원으로 일하고 있었다. "록 오일"이 어느 정도의 깊이에 어느 정도의 양이 있는지 전혀 알지 못하고 어떻게 찾아야 하는지도 모르는 상태에서 그는 채굴도구를 준비하여 부근을 파기 시작했다. 때는 1857년 연말이었다.

드레이크는 인내심을 가지고 끈질기게 지면을 계속해서 파보았으나, 기름 같은 것은 한 방울도 나오지 않았다. 사람들이 그의 어리석은 행동을 비웃었으나, 그는 묵묵히 작업을 계속하여 2년 가까운 시간이 지났다. 묵묵히 지켜보던 투자자들의 인내도 결국 한계에 다다르게 되었다.

투자자들은 1859년 8월 말에 작업을 중지할 것을 요구하는 편지를 드레이크에게 보냈다. 그러나 기한을 4일 앞두고, 깊이 21미터에 달하는 채굴도구가 석유 층과 맞닥뜨려 갑자기 움직이지 않았다. 그는 기한에 거의 맞추어 훌륭하게 역사상 처음으로 석유를 찾아낸 것이다. 오늘날까지 우리의 생활을 지탱하고 있는 석유라는 연료의 거대한 가능성이 처음으로 인류의 눈앞에 모습을 드러낸 순간이었다.

작은 타이터스빌의 거리는 순식간에 크게 번성하게 되었고 이곳저곳에서 토지거래와 굴착공사가 시작되었다. 투자를 한 비셀은 상당한 부를 축적하는 데에 성공한다. 한편 고용된 직원에 불과했던 드레이크는 큰 이익도 얻지 못하고 빈곤한 생활을 이어갔다. 1873년에야 겨우 석유 발견의 공을 인정받아 펜실베이니아 주가 약간의 연금을 지급하기로 했으나, 그는 그로부터 7년 후에 조용히 사망했다. 석유 시대의 막을 연 인물로서는 상당히 쓸쓸한 최후였다. 참으로 자본가는 강하고 노동자는 약하다고밖에 할 수 없을 것이다.

석유제국의 출현

혜성같이 등장한 석유라는 새로운 에너지원에 민감하게 반응한 사람은 적지 않았다. 그중 당시 20대 초반의 젊은이였던 존 록펠러도 그런 사람이었다. 그는 스탠더드 오일 사를 설립한 후, 동종의 다른 회사들을 배제하기도 하고 혹은 합병하기도 하여 순식간에 거대 독점 재벌이 되었다.

미국 이외에도 러시아, 인도네시아 등 각국에서 석유가 발견되어 석탄을 대체할 에너지원으로서 기반을 넓혀갔다. 멜런 가 등은 이 시대에 석유 거래를 통해서 거대한 부를 쌓아 오늘날까지도 그 부를 이어오고 있다.

그중에서도 스탠더드 오일은 20세기 초에는 미국 석유 정제 능력의 90퍼센트를 지배했다. 석유는 거대 장치산업으로 대량생산으로 인한 이익이 가장 큰 산업이기 때문에 독점기업이나 카르텔이 지배하기 쉽다.

너무나 거대해진 스탠더드 오일에는 당연히 독점금지법의 적용이 시도되었지만, 록펠러 가는 다양한 수단을 강구하여 대항했다. 그러나 1911년 마침내 연방 대법원은 스탠더드 오일의 해산을 명령하는 판결을 내려, 회사는 34개의 작은 기업으로 분해되었다. 예를 들면 에소(ESSO)라는 상표는 "Eastern States Standard Oil"을 줄인 것이다. 그후 이들 기업군은 엑슨 모빌, BP, 셰브런 등으로 재편되어 지금도 석유업계에 군림하고 있다. 지금까지 사람과 나라를 부강하게 해준 여러 가지 탄소화합물들을 소개했지만, 석유가 낳은 부는 타의 추종을 불허한다.

석유란 무엇인가

그렇다면, 석유라는 것은 도대체 무엇이며, 어디에서 온 것일까? 실제로 "석유(petroleum)"라는 이름의 물질과 상품은 존재하지 않는다. "석유"는 다양한 화학구성을 가진 "탄화수소(hydrocarbon)"의 집합체이다.

"서론"에서 썼듯이, 탄소는 서로 연결되어 긴 사슬을 만든다. 여기에 수소가 주위를 둘러싼 듯이 결합한 것이 탄화수소이다. 대체로 탄소의 수가 4개 이하이면 기체, 5개부터 십수 개면 액체, 그 이상이면 고체가 된다. 석유는 이런 다양한 형태의 탄화수소들이 혼합된 것이다.

석유가 연료의 왕좌에 등극한 이유는 요컨대 액체라는 점에 있다. 기체인 천연 가스는 부피가 크기 때문에 운반이 불편하며, 새어나오면 폭발의 위험도 있지만, 액체인 석유는 훨씬 더 다루기가 쉽다. 석탄의 운반은 중노동이었지만, 액체인 석유는 파이프라인을 이용함으로써 수송도 간단하며, 배 등에 선적하는 것도 반자동화가 가능하다.

또한 석유를 가열하여 기화시켜서 냉각시키면 비등점의 차이에 의해서 분자의 크기에 따라서 나누어진다. 이런 "분별증류(分別蒸溜, fractional distillation)"에 의해서 황화 성분 등의 불순물도 거의 제거될 뿐만 아니라, 휘발성, 중량 등의 성질을 거의 일정하게 맞출 수 있게 된다. 이로 인해서 스토브나 내연기관 등, 용도에 맞추어 최적의 연료를 공급할 수 있으며, 출력을 미세하게 조정하는 것도 용이하다. 이런 점은 불균일한 탄소 성분의 덩어리인 석탄은 아무리 해도 흉내낼 수 없다.

탄소가 하나뿐인 메탄은 도시가스의 성분, 탄소 수가 3-4개의

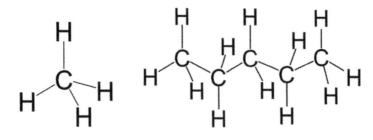

도시가스의 성분 메탄   가솔린의 성분 펜탄(pentane)

성분은 액화석유가스(LPG)가 되어, 각각 가정용 연료로서 친근한 물질이다. 탄소 수가 5-10개의 성분은 가솔린, 11-15개의 성분은 등유, 15-20개의 성분은 경유(디젤유), 더 많은 것은 중유(벙커유)이고, 이것들은 각각 용도에 맞게 활용된다. 분류 후에 남은 것은 아스팔트가 되어 도로의 포장에 사용된다. 석유는 성분에 따라서 깔끔하게 나누는 것이 가능하고, 모두 헛되지 않게 이용할 수 있으므로, 참으로 이상적인 자원이다.

한 컵의 가솔린은 4인 가족과 그 짐을 실은 1톤 이상의 적재함을 수 킬로미터 이상 끌 수 있는 힘을 발휘한다. 더구나 가솔린은 대량으로 채굴되어 놀라울 정도의 염가로 판매된다. 거대한 자본을 투입하여 찾은 유전에서 채굴되어, 머나먼 다른 지역으로 운송된 뒤에 분류, 정제되어 세금이 붙은 석유는 페트 병에 담긴 생수보다 더 싼 값으로 소비자에게 공급된다. 그렇다면 이를 신의 은총이 아닌 다른 말로 표현할 수 있을까?

석유의 기원에 대한 수수께끼

그렇다면 석유는 어디에서 온 것일까? 실제로 그것은 아직 수수께끼에 싸여 있다. 현재 주류의 주장은 유기기원설(有機起源說)이다. 식물 플랑크톤 등의 사체가 해저나 호수 밑에 침전되어, 박테리아에 의해서 분해되어 부식물질(腐植物質)이 된다. 이것이 지각변동에 의해서 지하 깊은 곳에 매몰되어 높은 지열과 압력을 받아 원유로 바뀌었다는 것이다. 생명만이 만드는 특징적인 화합물이 석유에 함유되어 있다는 것 등이 이 주장의 근거로 꼽히고 있다.

한편 무기기원설(無機起源說)은 원소주기율표의 고안자로 유명한 러시아의 화학자 드미트리 멘델레예프가 최초로 주장한 것이다. 지구라는 행성이 생길 때에 지하에 갇힌 탄화수소가 역시 땅속 깊은 곳에서 열과 압력을 받아 변성되어 생긴 것이라는 주장이다. 이 주장을 받아들이면, 석유는 현재 추정되고 있는 것보다 더 많은 양이 매장되어 있으며, 지구 심부(深部)로부터 조금씩 지표를 향해 솟아오르고 있는 것이 된다. 실제로 고갈된 유전을 방치해두면, 다시 석유가 솟아나와 채굴이 가능해지는 경우도 있는데, 이 주장으로는 이런 현상도 설명이 가능하다.

생물이 원인이라면 산지에 따라서 석유의 조성(組成)이 크게 달라도 이상하지 않으나, 실제로는 거의 일정하다는 점, 생물과는 무관하다고 할 수 있는 깊은 곳에서도 원유가 발견된다는 점도 무기기원설의 근거가 되고 있다. 이전에는 설득력이 별로 없었으나, 일정한 설득력을 가지게 되었으며, 근래에는 무기기원설을 주장하는 학자도 늘고 있다. 어쨌든 우리가 일상생활에 훌륭하게 사용하고 있는 석유는 실제로 아직까지도 유래불명의 수수께끼의 물질이다.

석유와의 전쟁

어쨌든 이러한 사정으로 인해서 석유는 발견된 그 순간에 사회의 주역으로 도약했다. 당초의 용도는 가스등 등에 사용하는 것이었으나, 난방과 발전 등으로 점차 응용되어 결국에는 자동차 시대를 가져왔다. 경제와 산업에 미친 영향은 물론이고, 석유의 파급효과에 의해서 발전한 분야는 수없이 많다.

간단하고 다루기 쉬우며, 높은 에너지를 가진 석유의 출현은 전쟁의 형태도 일변시켰다. 제1차 세계대전에서는 영국군이 포대(砲臺)를 탑재한 석유로 달리는 전차를 처음으로 개발했다. 이때 영국군은 기밀유지를 위해서 공식적으로 "물을 나르기 위한 탱크(tank)를 만든다"고 했기 때문에 그후에도 전차를 "탱크"라고 부르게 되었다고 한다. 전차는 1917년 11월 프랑스 북부의 캉브레 전투에서 큰 전과를 올렸고, 이후 각국에서 전차 개발 경쟁이 시작되었다.

탱크보다 큰 영향을 준 것은 당시 영국 해군장관이었던 윈스턴 처칠이 군함과 잠수함의 동력으로 석유를 채용한 것이다. 세계 최강의 국가가 자국에서 생산할 수 있는 석탄을 버리고, 수입에 의존해야만 하는 석유를 동력원으로 삼은 것은 세계의 에너지 지도를 다시 그리게 하는 획기적인 사건이었다.

도입된 함선은 높은 기동력과 쉬운 연료 보급으로 적을 압도했다. 제1차 세계대전의 후반에는 연합국이 독일을 해상에서 봉쇄하여 석유를 비롯하여 물자의 공급을 끊은 것이 이 대전의 향방을 결정했다. 영국의 카슨 외무장관이 말했듯이, "연합군은 석유라는 파도를 타고 승리의 항구에 도착했다."

제1차 세계대전 이후 각국은 전술전략 개선에 힘을 쏟았고, 이미 군대도 공업도 석유 없이는 성립되지 않는 시대가 되었다. 그리고 제2차 세계대전은 처음부터 확실히 석유 쟁탈전의 양상을 띠었다. 일본이 태평양 전쟁 개전을 결정하게 된 중요한 요인은 1941년 8월에 있었던 미국의 석유 전면 금수조치였으며, 독일이 프랑스와 소련을 침입한 것도 석유와 석유시설을 노린 것이었다. 요컨대 이 전쟁은 석유를 가지지 못한 독일, 일본, 이탈리아의 추축국(Axis)이 석유를 가지기 위해서 연합국(Allies)에 도전했으나, 끝내 석유를 확보하지 못한 채 패배한 전쟁이기도 했다.

현재 세계 최대의 산유지대가 된 중동의 석유는 그 대부분이 전후에 개발된 것이다. 전 세계 석유 매장량의 절반 이상이 이 지역에 집중되어 있으며, 석유가 가져온 엄청난 부는 석유가 없는 나라에서 보면 꿈만 같은 것이다. 한편 이 지역에 끊임없이 이어지고 있는 분쟁과 전쟁을 보면, 부럽다고만 할 수는 없을 것이다.

화석연료는 어디로

석유는 단순한 연료가 아니다. 이용하기 쉬운 탄소원이며, 석유로 다양한 제품을 만드는 기술도 발전하고 있다. 각종 플라스틱이나 합성섬유는 요컨대 석유를 바탕으로 분자 구조를 재편성하여 사용하기 쉬운 형태의 분자로 조정한 것이다. 주변을 둘러보면, 플라스틱, 섬유, 염료 등 우리의 일상생활에 얼마나 많은 석유 제품이 쓰이고 있는지 새삼스레 놀라게 된다. 인류가 찾아내서 사용한 석유의 양은 약 1조 리터에 이른다고 한다.

화석연료의 미래를 점치는 것은 쉽지 않은 일이다. 제1차 석유 파동(1973) 무렵에는 석유의 채굴 가능 매장량이 이후 30년 정도로 알려져 있었으나, 그로부터 40년이 지난 오늘날까지도 충분한 석유가 사용되고 있다. 새로운 유전의 개발과 에너지 절약이 진행되고 있기 때문이다.

가장 최근에도 "피크 오일 이론(peak oil theory)"이 주목을 끌었다. 세계의 석유 생산량이 2006년경을 정점으로 감소하기 시작했으며, 이 현상이 세계 경제에 큰 영향을 준다는 설이다. 그러나 이 예측은 셰일 가스(shale gas)의 등장에 의해서 거의 순식간에 과거의 것이 되고 말았다.

근년에 주목받고 있는 것은 셰일 가스인데, 성분 그 자체는 이전의 천연 가스와 동일하다. 다른 것은 그것이 나오는 장소인데, 기존의 천연 가스가 암석의 틈 사이에 자연적으로 머물러 있는 것이었다면, 셰일 가스는 혈암(頁巖, shale)이라고 불리는 입자가 미세한 암석에 함유되어 있는 것이다. 기존의 기술로는 구멍을 뚫어 가스의 분출을 기다리는 수밖에 없었기 때문에, 자원의 역할을 하는 것은 천연 가스뿐이었다.

이런 상황을 뒤집은 사람이 조지 미첼이다. 그는 1980년대부터 셰일 가스 채굴에 도전하여 회사 엔지니어의 "돈을 시궁창에 버릴 뿐입니다"라는 충고에도 귀를 기울이지 않고, 기술 개발에 매진했다. 결국 그는 2,000미터나 수직으로 파들어간 후에 터널을 수평으로 파는 "수평굴착"과 여기에 고압의 물을 보내서 암반을 부수는 "수압파쇄"라는 기술을 고안했다. 이 방법에 의해서 암반에 균열을 만들어, 지하의 암석 사이에 숨겨져 있던 가스를 효율적으로 뽑아내는 데에 성공했다.

19세기의 드레이크와 달리 미첼은 성공했다. 1999년 80세에 셰일 가스 굴착 기술을 완성시킨 그는 2002년에 그 회사를 매각하여, 2004년에는 총자산액 세계 상위 500인에 이름을 올렸다. 2008년경부터는 거대 석유 기업도 참여하여 미국 전국 각지에서 셰일 가스전의 굴착이 시작되었다. 세계 경제지도를 바꿔가고 있는 셰일 가스는 미첼의 "완고한 고집"에 의해서 탄생한 것이었다.

셰일 가스의 매장량은 전 세계가 300년간 사용할 수 있는 양이라고 한다. 게다가 셰일 가스는 연소될 때 이산화탄소 배출량이 석유 등에 비해서 훨씬 더 적다. 셰일 가스의 주성분인 메탄은 탄소 원자 1개에 수소 원자 4개가 붙어 있는 것이지만, 석유에서는 그 비율이 탄소 1 : 수소 2, 석탄에서는 거의 대부분이 탄소이다. 따라서 석탄의 발열량당 이산화탄소 방출량을 100으로 할 때, 석유는 80, 셰일 가스는 55에 지나지 않는다. 부피가 큰 기체라는 약점을 벌충하고도 남을 이 우수한 연료를 석유보다도 훨씬 싼 비용으로 생산할 수 있기 때문에, 기대가 모아지는 것은 당연하다.

셰일 가스의 40퍼센트 정도는 미국에 분포되어 있는 것으로 알려져 있으며, 채굴 기술의 특허 등도 미국이 압도하고 있으므로, 미국에는 다시없을 부활을 위한 비장의 카드가 될 것이다. 화력 발전, 자동차, 그 외의 다양한 분야에서 가스로의 급속한 변환이 일어나고 있다. 2020년까지 미국이 세계 최대의 화석연료 수출국이 될 것이라는 전망도 나오고 있기 때문에 국제정치의 역학에도 큰 영향을 미칠 것 같다. 석유 발견 이후의 에너지 혁명이라고 말해도 황당한 과언은 아니다.

후쿠시마 제1원전 사고 발생 후에 일본의 거의 모든 원전이 정지되었으나, 지금까지는 대규모 정전 등의 위기는 몇 번이나 피할 수 있었다. 실제로 이것도 셰일 가스 혁명의 간접적인 혜택을 받았기 때문에 가능했다. 미국에서 셰일 가스 증산이 시작되었기 때문에 카타르 등의 중동산 천연 가스가 넘쳐나게 되어 일본은 대량 구입으로 궁지에서 벗어날 수 있었다. 원전 사고 이전, 일본은 전력의 30퍼센트를 천연 가스에 의존했으나, 이 비율은 현재 약 50퍼센트 선에 달하고 있다.

그렇다고 해도 셰일 가스는 막 떠오르기 시작한 에너지로, 석유를 대체할 에너지가 될 수 있을지는 아직 확증할 수 없다. 혈암의 수압파쇄를 행할 때에 사용되는 약품이 환경오염을 일으킨다는 지적도 나오고 있으며, 대량의 물이 지진을 유발할지도 모른다는 우려도 나오고 있다.

그리고 셰일 가스의 주성분인 메탄은 연소될 때 이산화탄소 배출량은 적지만, 그 자신의 온실효과는 이산화탄소의 20배 이상으로 높다. 온난화라고 하면 이산화탄소만이 원인으로 지적되고 있으나, 실제로 온실효과 전체의 20퍼센트는 메탄이 원인이므로 적지 않은 비율이다. 소 같은 동물의 트림에 섞여 있는 메탄 가스조차 지구 온난화를 촉진하는 것이기 때문에 트림을 줄이는 방법이 진지하게 연구되고 있을 정도이다. 셰일 가스가 널리 이용되면, 연소되지 않은 채 새어나오는 메탄도 당연히 증가할 것이므로, 지구 온난화에 대해서는 역효과가 생길 가능성도 있다.

무슨 일이든 "100퍼센트 좋은 일"이라는 것은 있을 수 없지만, 특히 에너지 문제에 관해서는 이 말을 깊이 명심하지 않으면 안 된다. 이것은 태양광 발전, 풍력, 지열 등 "청정(clean)"이라는 이름이 붙은 에너지들도 마찬가지로, 반드시 무엇인가 폐해가 동반되기 마련이다.

미국은 셰일 가스 혁명 후에도 바이오 에탄올 추진 정책을 계속하고 있으며, 생산량은 증가 일로에 있다. 또한 원자력에 대해서도 정책이 흔들리고는 있지만 완전히 폐기한 것은 아니다. 에너지 확보는 "셰일 가스가 나왔기 때문에 이제 다른 것은 필요없다"고 할 수 있는 간단한 문제가 아니라는 것을 그들도 잘 알고 있다.

이 책에서는 이제까지 인류가 떠안고 있는 문제들에 대해서 서술해왔지만, 그중 많은 부분은 따지고 보면 에너지의 확보로 귀착된다. 담수의 부족은 에너지를 사용하여 해수에서 소금을 제거하면 해결할 수 있다. 질소의 고정과 인의 회수도, 이산화탄소의 삭감도, 에너지만 충분하다면 마찬가지로 가능하다. 정말로 사용하고 싶은 만큼 사용할 수 있는 에너지를 인류가 손에 넣는다면, 식량의 증산, 빈곤의 해결, 전쟁의 근절이라는 것도 결코 꿈 같은 이야기는 아닐 것이다. 문자 그대로 "에너지가 있으면, 무엇이든 가능하다." 온갖 유용한 물질로 변신하고, 주요한 에너지원이 되기도 하는 탄소가 21세기의 열쇠가 되는 것은 필연이라고 할 수 있다.

결론

탄소는 어디로

지금까지 탄소가 만드는 화합물의 다수가 어떻게 역사를 움직여왔는지를 살펴보았다. 일상적으로 먹는 식품, 생활에 없어서는 안 될 에너지, 풍요로운 생활을 지탱해주는 공업제품 등은 모두가 탄소를 기초로 하고 있으며, 그 중요성은 이후에도 더 커지겠지만, 줄어드는 일은 결코 없을 것이다.

특히 근래 많은 분야에서 탄소화합물의 존재감이 더욱 커지고 있다. 오랫동안 무기물이 사용되던 것에 탄소화합물이 진출하는 사례가 늘고 있다.

가볍고 싼 가격에 착색도, 성형도 자유자재인 각종 플라스틱은 전후 세계를 석권해왔다. 예를 들면, 음료용 유리병은 지금은 거의 대부분이 페트병으로 바뀌었다. 페트(PET), 즉 폴리에틸렌 테레프탈레이트(polyethylene terephthalate)는 투명할 뿐만 아니라 충격에 강한 플라스틱으로서 최근 그 수요가 크게 늘었다. 석유를 이용하여 만들기 때문에 환경 부담이 크다고 생각되지만, 실제로는 가볍고 잘 깨지지 않기 때문에 운송비가 적게 들고, 재활용을 확실하게 하면, 유리병보다도 훨씬 더 환경에 친화적인 소재가 될 것이다.

만약 100년 전의 인간을 현대에 데려다놓으면, 그는 우리의 생활공간이 엄청나게 컬러풀해졌다는 사실에 가장 먼저 놀랄 것이다. 예전에는 채색이라고 하면 광물에서 얻은 안료 등에만 의존했으며, 대개는 가격이 비싸고 독성도 있었다. 식물에서 얻은 유기염료도 알려져 있었지만, 색이 쉽게 바래고, 빨면 금세 색이 빠지는 것이 많았다.

그러나 19세기에 콜타르에서 얻은 합성염료가 개발되자, 그 생생한 색채는 금세 세계를 지배했다. 독일의 BASF, 프랑스의 사노피 아벤티스, 영국의 임페리얼 케미컬 인더스트리스 등의 세계적 거대 화학기업과 제약기업의 다수는 이 시대에 설립된 염료회사가 그 시작이었다. 오늘날 우리의 생활을 물들이고 있는 생생한 색채의 다수는 방향족화합물을 주체로 하는 탄소화합물에 그 많은 부분을 빚지고 있다.

현대에도 탄소화합물은 색채의 세계에서 영토를 점차 확대해가고 있다. 오랜 기간 텔레비전의 영상 표시는 오직 브라운관에 의지했다. 이것은 희토류 원소를 주성분으로 하는 형광체를 유리에 칠한 것이다. 그러나 1990년대 이후 탄소화합물을 이용한 액정 디스플레이가 대두되면서 오랜 기간 사용되었던 브라운관을 대체했다. 액정은 발색이 생생할 뿐만 아니라 소비전력이 훨씬 더 낮다. 지금은 이미 두툼한 상자 모양의 브라운관 텔레비전을 볼 기회가 거의 없어지고 말았다.

발광 다이오드(light emitting diode, LED)는 최근 급속하게 점유율을 높이고 있으며, 신호, 조명, 디스플레이 등에 널리 사용되는 "현대의 빛"이다. 인, 포타슘, 비소 등 무기화합물이 주체가 되고 있으나, 이 분야에도 탄소화합물이 진출을 꾀하고 있다. 유기 EL 디스플레이(Organic Electro Luminescence Display)라고 하는 기술이 그것이다. 영어로는 "organic LED"(OLED)라고 하는 것에서 알 수 있듯이 유기 EL의 기본적인 발광원리는 LED와 동일하며, 다른 점은 발광소재로 탄소화합물을 사용한다는 것이다. 유기 EL은 소비전력은 더 낮으면서 밝고, LED와는 달리 면발광도 가능하며 극히 얇고 가볍게 만들 수 있다. 액정이나 LED의 차세대가 될 발광소재로서 곧 실용화가 진행될 예정이다.

강철을 시작으로 해서 각종 금속은 단단하고 강한 소재의 대표로서 오래 전부터 인류의 문명을 지탱해왔다. 그러나 여기에도 새로운 소재인 탄소섬유가 진출하고 있다. 탄소끼리의 결합은 다른 온갖 원자끼리의 결합보다 더 강하다. 이 때문에 탄소섬유는 극히 강인하며 무게도 철의 4분의 1이므로 중량당 강도(强度, strength)는 철의 10배 이상이며, 경도(硬度, hardness)는 7배에 달한다. 이 때문에 교통수단에 사용하면 안정성을 높일 수 있을 뿐만 아니라 연비를 크게 향상시킬 수 있다. 최신예의 항공기나 우주선에는 탄소섬유를 주재료로 하는 복합소재가 필수적이다. 다리와 건축 자재에도 널리 사용되고 있으므로, 언제 닥칠지 모르는 대재해로부터 많은 생명을 지켜줄 것이다.

탄소화합물이 이렇게 많은 분야에 진출할 수 있는 이유는 우선

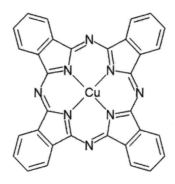

프탈로사이아닌

석유 등의 값이 싼 소재로부터 양산할 수 있다는 점, 그리고 구조를 인공적으로 세밀하게 변경할 수 있다는 점, 원하는 다양한 성질을 이끌어낼 수 있다는 점을 들 수 있다. 고작 혼합비율과 결정화 방법 등을 바꾸는 정도밖에 할 수 없고, 복잡한 화합물을 만들 수 없는 무기화합물은 흉내도 낼 수 없는 일이다.

예를 들면, 색소는 구조를 조금 변화시킴으로써 여러 가지 색을 표현할 수 있다. 도로표지 등에 이용되는 프탈로사이아닌 블루(phthalocyanine blue)라는 청색 색소에 염소 원자를 결합시키면, 생생한 녹색이 되는 것이 그 한 예이다. 채색하고 싶은 소재에 쉽게 혼합할 수 있다는 점, 옷감에 완전 결합하여 쉽게 떨어지지 않는다는 점 등도 분자의 디자인대로 자유롭게 만들 수 있다.

인체 내에서 움직이는 수많은 단백질로부터 목적한 것만을 선별하여, 완전하고 확실하게 병을 치유하는 의약화합물은 분자 디자인의 궁극이라고 할 수 있다. 물론 이런 화합물을 만드는 것은 쉽지 않은 일이다. 예전에는 연구자의 장인적인 감(感)만을 믿고,

다양한 화합물을 만들어가면서 어림짐작으로 최적화했지만, 여기에도 최근 변혁의 파도가 밀려오고 있다. 컴퓨터에 의한 이론적 계산, 대량의 화합물을 일거에 만들고, 시험을 행하는 스크리닝 (screening) 기술 등, 현대의 온갖 최첨단 과학이 투입되고 있다.

이렇게 해서 만들어진 다수의 신약들에 의해서 많은 난치병에 치료의 길이 열리고 있다. 예를 들면, 예전에는 죽음의 병으로서 공포의 대상이 되었던 에이즈도 약으로 발병 억제가 가능해졌고, 천수를 누리는 일도 가능해지고 있다.

최근에는 바이오 기술을 이용해서 만든 완전하고 유효성이 높은 "항체 의료"가 각광을 받고 있다. 항체(抗體)는 병원균과 바이러스 등이 우리 몸에 들어왔을 때에 만들어지며, 그 활동을 억누르는 것이다. 항체는 원래 외부의 적에게 대항하기 위한 것이지만, 암이나 류마티즘 등의 원인이 되는 체내 단백질의 활동을 억제하기 위해서 인공적으로 항체를 만들어주면, 치료약이 될 수 있다. 이것이 항체 의약이다. 이런 신약들은 특히 암 치료의 분야에서 성과를 거두고 있으며, "불치의 병"이라는 암에 대한 인식은 지금 크게 바뀌고 있다.

항체와 같은 단백질도 또한 거대한 탄소화합물이며, 이것을 만드는 바이오 기술의 발전은 오늘날까지의 화학합성 기술로는 불가능했던 범위를 개척했다. 바이오 기술은 유용물질을 탄생시키는 새로운 방법론으로서 기존의 기술과 융합하면서 더욱 발전을 거듭해가고 있다.

탄소의 축구공

다음 시대를 지탱해줄 소재도 속속 등장하고 있다. 최근 주목을 끌고 있는 것은 순수한 탄소로 이루어진 "나노 탄소(nanocarbon)"이라는 소재군이다. 시초가 된 것은 1985년에 발견된 "풀러렌(fullerene)"이라는 물질로, 참으로 우연히 발견된 것이다.

그때까지 알려져 있던 순수한 탄소의 형태는 흑연과 다이아몬드, 그리고 비결정성 탄소라고 부르는 세 가지 종류였다. 흑연은 연필 심 등으로 사용되었으며, 탄소들이 벌집 모양으로 연결된 판(sheet)이 층층이 중첩된 구조를 가지고 있다. 다이아몬드는 탄소 원자가 3차원적인 네트워크를 이룬 것으로, 빛나는 외관과 함께 그 구조도 실로 아름답다. 비결정성 탄소는 탄소화합물의 불완전 연소로 인해서 생기는 "검댕" 등을 말하며, 탄소 원자끼리 무작위적으로 이어져 있는 그물코 모양의 구조를 가지고 있다. 이것들은 인류가 수천 년에 걸쳐 이용해온 것으로 연구자들이 이미 충분히 연구를 끝낸 물질이다.

"제4의 탄소" 풀러렌을 발견한 것은 실용적인 소재과학과는 인연도 연고도 없는 성간물질(星間物質)의 연구자들이었다. 우주공간에서 발견되는 특수한 탄소화합물을 재현하기 위해서 흑연에 레이저를 쏘고 그 파편을 조사하는 연구를 하던 중에, 특이하게도 그 조건에서 탄소가 60개 모인 물질을 얻을 수 있었다. 왜 50개도 100개도 아닌 정확하게 60개일까?—그 이유를 규명하던 도중에 탄소가 대칭성이 극히 높아 축구공 모양의 구조를 이룬다는 사실

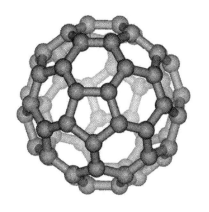

풀러렌

을 알 수 있었다.

이것은 경이적인 발견이었다. 인류에게 가장 친숙한 원소라고 생각되는 탄소에 이러한 미지의 형태가 존재한다는 것 자체가 신선한 놀라움이었다. 더구나 레이저로 뿔뿔이 흩어진 탄소가 누구의 손도 거치지 않았는데도 자연히 아름다운 형상으로 정리되어 한 덩어리가 된다는 사실도 화학자의 호기심을 자극했다.

게다가 1990년에는 아크 방전(arc discharge)을 이용한 대량 합성법이 발견되어 많은 화학자들이 덩어리가 된 풀러렌을 손에 넣게 되었다. 이 뉴스의 충격은 엄청났으며, 학회에서 이 발표를 들은 화학자들이 조속히 그 합성을 시도해보려고 서둘러 자신들의 연구실로 돌아가버려서, 그 이후의 발표는 텅 빈 좌석을 상대로 하게 되었다는 에피소드가 남아 있다.

풀러렌 열풍은 엄청났다. 풀러렌은 단지 아름다울 뿐만 아니라 화학자의 흥미를 자극하는 다채로운 성질과 반응성을 가지고 있었다. 연구논문의 수는 수직상승했으며, 풀러렌은 겨우 몇 년 만에 "역사상 가장 성질이 잘 조사된 분자"가 되었다. 구 형태를 활용한 나노 수준의 윤활제로서 이용되는 등 이미 많은 제품이 만들어졌다.

그중에서도 가장 기대를 모은 것은 태양 전지에의 응용이다. 현재의 태양전지는 실리콘 결정을 이용한 것인데, 고순도가 요구되기 때문에 극히 비싸다. 그러나 최근 풀러렌을 가공하여 만든 화합물을 이용한 태양전지가 실용화에 근접하고 있다. 이 태양전지는 매우 얇고 가벼우며 필름 위에 "인쇄하는" 것과 같이 간단하게 제조할 수 있는 것이 특징이다. 이를 통해서 벽지나 커튼, 각종 일용품의 표면 등 모든 것을 "발전소"로 활용할 수 있다. 미래를 개척하는 기술이라고 할 수 있을 것이다.

풀러렌을 발견한 로버트 F. 컬, 해럴드 W. 크로토, 리처드 E. 스몰리는 그 업적으로 1996년에 노벨 화학상을 수상했다. 그리 멀지 않은 장래에 이 분야는 얼마나 많은 사람들에게 노벨상을 안기게 될까?

탄소 나노튜브의 충격

풀러렌 대량 합성법을 발견한 다음 해에는 한층 더 충격적인 보고가 나왔다. 1991년, 한 연구소에 적을 두고 있던 이지마 스미오 박사가 탄소 나노튜브(carbon nanotube)라는 새로운 탄소 소재를 발견한 것이다. 흑연은 탄소가 벌집 형상의 판으로 층층이 쌓

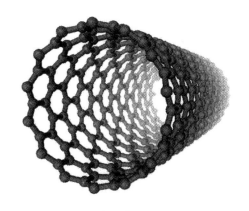

탄소 나노튜브

여 있는 것이라고 설명했지만, 탄소 나노튜브는 이것을 둥글게 말아 원통형으로 된 구조를 가지고 있다.

이 탄소 나노튜브의 특징은 매우 가느다랗고 긴 데도 불구하고 엄청나게 강인하다는 것이다. 결함이 없는 탄소 나노튜브를 만든다면, 직경 1센티미터의 줄로 1,200톤 중량을 끌어올릴 수 있다는 계산이 나온다.

앞에서 설명했듯이 탄소 섬유는 매우 강인한 소재이다. 이것은 모든 원자 결합 중에서 최강이며, 탄소와 탄소의 결합으로 전체가 이루어지기 때문이다. 탄소 나노튜브는 탄소 섬유보다 훨씬 더 고밀도이고 규칙적으로 탄소 원자가 늘어서 있어 그 강도를 최고로 끌어올릴 수 있다. 이론상으로 생각해보면, 최강의 소재라고 해도 과언은 아니다.

더욱이 탄소 나노튜브는 탄소 원자의 배열에 의해서 전기가 잘 통하는 전도체로도, 또한 반도체로도 만들 수 있다. 후자의 경우,

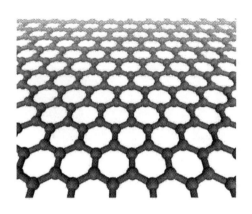

그래핀

현재의 실리콘을 기본으로 한 컴퓨터보다 훨씬 전력을 덜 소비하고, 1,000배나 빠른 속도로 정확하게 작동하는 컴퓨터를 만들 수 있다. 그 외에도 다양한 응용이 고안되고 있다. 꿈의 신소재라고 할 수 있다.

그리고 그래핀(graphene)이라는 새로운 탄소 소재도 등장했다. 흑연(graphite)은 탄소가 벌집 형태로 연결된 판이 층층이 쌓여 있는 것이라고 설명했지만, 그래핀은 그 1개의 층만을 떼어낸 것이다. 실제로 이렇게 1장만을 벗겨내면 여러 가지 재미있는 성질을 이끌어낼 수 있다는 사실이 오래 전부터 지적되어왔지만, 그 과정은 쉽지 않으리라고 예상되었다.

그러나 2004년 안드레 가임과 콘스탄틴 노보셀로프는 투명 테이프를 흑연에 붙였다가 떼어내는 참으로 원시적인 조작으로 1개 층의 그래핀을 분리할 수 있다는 것을 발견했다. 원자 하나 크기의 두께밖에 되지 않으므로, 역사상 가장 얇은 소재가 인류 앞에 모습을 드러낸 순간이었다. 이것 또한 전자제품 등에 응용이 기대되며, 발견자인 두 사람은 2010년에 곧장 노벨 물리학상을 받았다. "21세기는 탄소의 세기"라고 이야기하는 것은 이들 신소재에 대한 기대에 큰 영향을 받았기 때문이다.

이런 상황에서 여러 분야에서 점점 더 탄소 소재로의 이동이 진행되고 있다. 이런 현상을 지탱하는 유기합성화학—탄소와 다른 원소를 자유롭게 결합시켜 재조직하여 원하는 화합물을 창조하는 학문—은 장족의 발전을 이루고 있으며, 지금은 만들지 못하는 화합물은 없다고 해도 좋을 것이다. 어떻게 하면 필요한 기능을 가진 화합물을 디자인하여 최선의 결과물에 다다를 수 있을지, 각 분야에서 시행과 착오가 계속되고 있다.

"서론"에서 인류의 탄소화합물 이용은 다음과 같은 단계를 밟아왔다고 설명했다.

1) 자연계에 존재하는 유용한 화합물을 발견하여 채취한다
2) 농경, 발효 등의 수단으로 유용한 화합물을 인위적으로 생산한다
3) 유용한 화합물을 순수하게 추출한다
4) 유용한 화합물을 화학적으로 개조하여 양산한다
5) 천연에서 얻은 유용화합물을 모방하여, 이것을 넘어서는 성질을 가진 화합물을 설계하여 생산한다

최근 유기합성화학의 진보는 "자연계에 전혀 존재하지 않는 성질을 가진 물질을 새롭게 설계하여 산출할" 뿐만 아니라 다음 단

계를 향해 나아가고 있다. 앞에서 설명한 나노카본 소재들이 그 선두를 달리고 있는 물질이다.

지금까지 "화학(chemistry)"이라는 단어는 많은 사람들에게 어딘가 혐오감을 주는 것이었다고 생각한다. 화학은 우리의 생활을 지배하는 훌륭한 물질을 만들어왔지만, 한편 각종 공해 등의 큰 문제를 야기했던 것이 사람들이 화학을 싫어하는 큰 이유일 것이다. 이것은 분명한 사실이지만, 화학은 이런 문제로부터 교훈을 얻어서, 지금은 저환경 부담, 저에너지 소비의 문명을 일구는 핵심 기술이 되어가고 있다.

탄소 쟁탈전의 시대

물질 생산 말고, 탄소화합물의 다른 한 가지 중요한 용도는 에너지원이다. 생산되는 석유 중에서 화학제품 등의 원료로 이용되는 것은 20퍼센트 정도이며, 나머지는 전부 에너지원으로서 발전이나 운송 등에 소비된다. 이후에도 이런 수요가 확대되리라는 사실은 분명하다. 중국과 인도를 시작으로 하는 아시아 각국의 경제성장에 의해서 2030년의 에너지 수요는 현재의 1.4배 가까이 늘어날 것으로 추정된다.

원자력 에너지로 이 증가분을 충당한다는 방향 설정은 2011년에 일어난 후쿠시마 제1원전 사고에 의해서 세계적으로 재검토가 불가피해졌다. 이 사고를 접한 독일, 이탈리아, 스위스 등 많은 나라들이 원전의 폐지 또는 축소를 향해서 방향을 정했다. 일본에서도 다양한 논의가 행해지고 있으며, 적어도 지금과 완전히 동일한 에너지 정책을 채택하지는 않을 것이다.

풍력, 태양광 등의 재생가능 에너지로 이 수요를 충당할 수 있다면 가장 좋겠지만, 유감스럽게도 아무리 호의적으로 보아도 지금으로서는 원자력의 부족분을 채울 수 있는 에너지원은 되지 못한다. 풍력이나 태양광은 에너지 밀도가 상당히 낮기 때문이다. 예를 들면, 지구에 도착하는 1시간 동안의 태양 에너지는 세계가 1년 동안 소비할 에너지를 상회한다. 그러나 태양광은 지구 표면에 얇고 넓게 내리쬐기 때문에 그 에너지를 회수하는 것은 힘들다. 이와 같이 얇게 퍼지는 것을 모으는 것은 엔트로피적으로 불리하기 때문에 어느 정도 과학이 발전을 한다고 해도 본질적으로 뛰어넘기 힘든 장벽이 된다.

예를 들면, 태양광 발전의 경우에 같은 발전량의 천연 가스 발전소에 비해서 3,000배 이상의 면적이 필요하다. 당연히 그만큼 생태계를 압박하게 되고, 건설비용도 늘어난다. 또한 풍력과 태양광은 기후에 좌우되므로, 안정적으로 많은 양의 전력을 생산하는 것이 불가능하다. 이런 이유로 원자력 에너지 말고는 적어도 앞으로 수십 년 동안은 탄소화합물을 주체로 한 화석연료가 에너지의 주역을 담당하게 될 것이다.

그렇게 되면 "앞으로 탄소 자원은 충분히 확보할 수 있는가"라는 점이 최대의 걱정거리가 된다. 어느 시기에는 석유의 고갈이 우려되었지만, 셰일 가스라는 새로운 탄소 자원의 등장으로 공급의 불안은 다소 해소되었다고 할 수 있다. 다만 앞에서 설명했듯이 환경 문제 등으로 인해서 셰일 가스의 이용 확대에 제동이 걸릴 가능성은 있다. 또한 채굴이 시작된 지 몇 년밖에 되지 않았는데, 이미 생산이 대폭 감소한 가스정도 나오고 있으므로 이 신자원의 미래는 아직 예측할 수 없다.

또 한 가지 자원 국수주의의 문제가 있다. 생산지역이 편중되어 있는 자원에 대해서는 생산국이 자원을 분쟁의 도구로 이용하려는 경향이 점점 강화되고 있다. 다른 나라에 자원이 존재하더라도 반드시 그 자원을 손에 넣을 수 있는 것은 아니다. 센카쿠 분쟁이 발단이 된 중국산 희유금속의 일본 수출 금지가 그 전형이다. 또한 미국도 셰일 가스의 수출에는 신중한 자세를 보이고 있다.

일본의 탄소 자원으로 기대를 모으고 있는 것은 메탄 하이드레이트(methane hydrate)이다. 이 물질은 심해의 저온 고압하에서 생성되는 것인데, 물 분자로 만들어진 바구니 형태의 공간에 메탄 분자가 갇혀 있는 구조이다. 겉보기에는 셔벗 형태인데, 지상에서는 쉽게 분해되어 메탄 가스를 방출한다.

일본 근해에는 일본에서 사용하는 천연 가스 양의 약 100년 치에 달하는 메탄 하이드레이트가 존재하는 것으로 알려져 있으므로, 채굴이 가능해지면 일본은 세계 유수의 자원국이 될 것이다. 일본으로서는 너무나 탐이 나는 탄소 자원이다. 2013년에는 세계 처음으로 채굴 실험에도 성공했으며 꿈의 자원을 손에 넣는 데에까지 점차 다가가고 있다.

그러나 해저의 지층을 파헤침으로써 지진 등을 일으킬 가능성

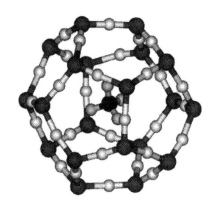

메탄 하이드레이트

은 없는지, 생태계를 교란시키거나 환경 문제를 일으키는 것은 아닌지 등의 문제는 아직도 미해결 상태이다. 이 모두를 해결한다고 해도 경제적으로 수지가 맞는 비용으로 1,000미터 해저로부터 채굴이 가능하지 않으면, 아무리 매장량이 많아도 실제적으로는 의미가 없다. 메탄 하이트레이트는 셰일 가스 부류보다 훨씬 앞날을 예측할 수 없는 자원이라고밖에 할 수 없는 것이 현재의 상황이다.

또한 이미 동중국해의 가스전을 둘러싸고 일본과 중국이 격렬하게 충돌한 것을 생각하면, 이후 메탄 하이드레이트가 실용화를 향해갈 때에는 한층 더 격렬한 분쟁이 발생할지도 모른다는 점을 상정해야 한다. 21세기는 결국 탄소 쟁탈전의 시대가 될 것이다.

기후 변화의 숙명

이런 새로운 탄소 자원의 실용화가 가능하다고 해도, 사용하고 싶은 대로 사용할 수 있는 것은 아니다. 말할 필요도 없이 지구 온난화라는 최대의 환경 문제가 걸려 있기 때문이다. 또한 대기 중의 이산화탄소 농도의 증가로 인해서 일어나는 것이 기온 상승만은 아니기 때문에 구미에서는 최근 "기후 변화(climate change)"이라는 말을 사용하는 경우가 많아지고 있다.

이산화탄소와 기후의 관계, 그것이 미치는 영향의 중대함에 대해서는 많은 논의가 이루어지고 있으며, 아직 반신반의하는 회의론도 강하다. 그러나 다양한 근거에 의해서 인류의 활동에 의한 이산화탄소 농도의 증가가 지구 환경에 큰 영향을 미친다는 것은 거의 확실하다. 만약 환경 격변에 이르는 확률이 낮다고 해도 그것이 미치는 엄청난 악영향을 생각하면, 가능한 한 위험을 줄일 수 있는 수단을 강구하는 것이 후세에 대한 우리 세대의 책임일 것이다.

이산화탄소 농도 증가의 영향에 대해서는 해양산성화라는 문제도 지적되고 있다. 이것은 대기 중에 방출된 이산화탄소가 바닷물에 녹아듦으로써 탄산을 생성시켜 해수가 산성이 되는 것을 말한다. 이미 산업혁명 이후 해수의 pH 농도는 0.1 정도 올라갔으며, 이 속도로 진행된다면 이번 세기 말까지는 0.14-0.35 정도 산성쪽으로 기울어질 것으로 예측된다.

해수의 pH가 조금씩 변한다고 해서 언뜻 보기에는 무슨 일이 일어날 것 같지 않지만, 실제로는 모든 생명의 존속이 걸려 있는 심각한 문제이다. 해양생물의 다수는 탄산칼슘으로 된 껍질을 가지고 있다. 이 물질은 산에 약하기 때문에 바닷물이 산성으로 약간만 기울어져도 플랑크톤은 물론이고 조개류, 산호 등 많은 생물이 정상적으로 껍질을 만들지 못하게 된다.

실은 이 탄산칼슘은 바닷물에 녹아든 이산화탄소에 의해서 만들어진다. 즉 이산화탄소는 탄산칼슘의 원료가 되는 한편, 탄산칼슘을 파괴하는 방식으로도 작용함으로써 이 둘은 극히 미묘한 균형을 취하고 있다.

탄산칼슘은 석회석에 의해서 풍부하게 산출되어 시멘트나 대리석, 식품재료 등 다양한 형태로 우리의 생활을 지탱하고 있다. 그중 많은 부분은 일찍이 산호나 플랑크톤 등의 해양생물이 만들어서 축적한 것이다. 지구상의 탄소의 90퍼센트는 탄산칼슘의 형태로 존재한다고 할 수 있다.

말하자면 석회석은 이산화탄소가 바닷물 속의 칼슘과 결합하여 고체 형태로 굳어진 것이라고 할 수 있다. 만약 지구상의 석회석이 모두 분해되면, 대기의 97퍼센트를 이산화탄소가 차지하게 되고, 그 강렬한 온실효과로 인해서 인류가 살 수 있는 기온은 사라지게 될 것이다. 현재 인류가 잘 살 수 있는 온난한 지구 환경이 존재하는 것은 산호 같은 해양생물 덕분이라고 해도 좋을 것이다.

그러나 산호는 산성화뿐만 아니라 바닷물 온도의 상승에도 약해서 이산화탄소 농도 상승의 영향을 가장 먼저 받고 있다. 산호초는 바다의 0.2퍼센트를 차지하는 데에 불과하지만, 전 해양생물의 4분의 1에게 서식처와 식량을 공급하는 매우 풍요로운 생명의 보고이다. 산호의 쇠퇴는 바다 생태계 전체에 큰 영향을 준다. 이것은 인류에게도 어획고 감소라는 형태로, 직접적으로 큰 타격을 주고 있다.

다양한 요인에 의해서 산호초는 현재까지 27퍼센트가 소실되었으며, 이대로 방치된다면 30년 후에는 총 60퍼센트가 사라질 위험에 있다(세계자연보호기금의 보고서). 이 "해양 사막화"라고도 불리는 현상은 눈에 잘 보이지 않는 형태이지만, 확실하게 지구 환경을 위협하고 있다.

인공 광합성의 실현

탄소의 수요는 더욱 증가하고 있으며, 그 쟁탈전은 계속되고 있다. 한편으로 대기 중에 방출된 탄소는 서서히 우리의 생존에 위협이 되고 있다. 그렇다면 대기 중의 이산화탄소를 회수하고 자원으로서 다시 활용하는 방법을 고안할 수밖에 없다. 구체적으로는 산화된 상태의 이산화탄소를 다시 탄화수소 등으로 돌리는—화학의 용어로 말하자면 "환원시키는" 방법이다.

에너지를 모두 방출한 "탄소화합물의 재"인 이산화탄소를 원래의 수준으로 되돌리는 것은 매우 힘든 작업이다. 다만 이것은 현재까지 알려져 있는 화학반응을 이용한다면 불가능한 일은 아니다. 예를 들면, 이산화탄소를 특수한 금속화합물을 이용하여 메탄올로까지 환원시키는 방법이 이미 몇몇 연구팀에 의해서 발표되었다.

그러나 이산화탄소를 환원시키기 위해서는 많은 에너지가 필요하다. 이 에너지를 조달하기 위해서 화석연료를 태우면 이산화탄소가 발생함으로써 이 방법은 본말전도가 된다. 태양광처럼 이산화탄소의 발생을 동반하지 않는 에너지원을 이용하여 대기 중의 이산화탄소를 환원시키지 않는다면, 의미가 없는 일이다.

이것은 요컨대 식물이 행하는 "광합성"과 마찬가지이다. 식물은 공기 중의 이산화탄소로부터 태양 에너지를 이용하여 당분을 만드는데, 이 시스템을 모방하여 각종의 유용한 물질을 인공적으로 만들 수 있다. 즉 "인공 광합성"을 행하는 것은 현대 화학의 가장 중요한 주제라고 할 수 있다.

2010년 노벨 화학상을 수상한 네기시 에이이치 박사는 최근 인공 광합성 프로젝트를 만들어 많은 화학자들을 이끌고 이 문제와 씨름하고 있다. 그가 노벨상을 수상하게 된 연구는 금속 촉매를 이용하여 탄소끼리 결합시키는 "탄소-탄소 교차 짝지음(cross coupling) 반응"의 개발이었다. 여기에서 얻은 많은 식견을 인공 광합성에 응용하고자 한 것은 역시 탁월한 혜안이었다. 마치 공기로 암모니아를 만드는 방법을 제창한 크룩스 박사와 마찬가지 역할을 했다고 할 수 있다. 이런 움직임은 일본뿐만이 아니라, 예를 들면, 캘리포니아 공과대학 등에서도 100억 엔 이상의 예산이 투입되는 연구가 진행되기 시작했다.

인공 광합성은 실제로 매우 어려운 주제이다. 오늘날까지 인류는 자연이 생산한 것에서 배움으로써 그 생산물에 필적하는 것, 또는 뛰어넘는 것을 얼마든지 만들 수 있었다. 그러나 광합성은 자연이 만든 모든 시스템 중에서도 가장 복잡하고 정묘한 것들 중의 하나이다. 한 장의 나뭇잎이 힘들이지 않고 해내는 광합성은 현대의 과학으로서도 아직 감당하기 벅찬 작업이다.

그러나 최근 들어 도요타 중앙연구소와 파나소닉 사가 각각의 방식으로 인공 광합성에 성공했다. 그들은 이산화탄소와 물에 빛에너지를 줌으로써 폼산(formic acid, HCO_2H)이라는 간단한 탄소화합물을 합성하는 데에 성공했다. 양쪽 연구팀 모두 엽록체를 기초로 하는 전자전달계(電子傳達系)라는 자연이 만든 시스템을 모방하지 않고, 광촉매와 반도체라는 완전히 인공적인 물질을 조합하여 광합성을 실현시켰다. 이것은 획기적이라고 해도 좋은 성과로 인류가 대기로부터 탄소를 회수하기 위한 중요한 문을 마침내 그러나 겨우 열었다고 해도 좋을 것이다.

그렇다고 해도 이 성공은 첫 걸음 단계에 지나지 않는다. 대기 중에 0.04퍼센트밖에 되지 않는 이산화탄소를 효율적으로 모아, 엷고 넓게 분산되어 있는 태양만을 에너지원으로 삼아, 필요한 탄소화합물을 자유자재로 만드는 것은 아직 요원한 훗날의 목표일 뿐이다. 이 목표를 이루는 것은 화학이라는 분야에서, 또 전 인류에게는 "궁극의 꿈"이라고 할 수 있을 것이다.

석유를 만드는 수초

인공 광학성은 이후의 중요한 과제이지만, 현재는 아직 시작에 불과한 기술이다. 완성된 광합성 시스템을 가지고, 자가증식까지 하는 생물의 희귀한 시스템을 대기 중에 있는 탄소의 회수에 활용할 수 있어야 한다. 앞에서 설명한 바이오 에탄올도 그중 하나이

스콸렌

지만, 수확, 발효, 정제 등의 단계를 밟는 동안에 애써 모아둔 태양광 에너지의 대부분이 소실되고 만다. 좀더 직접적으로 에너지원이 되는 화합물을 생산하는 생물이 있다면, 그 생물을 그냥 보아 넘길 수는 없다.

최근 주목을 받고 있는 것이 오란티오키트리움(*Aurantiochytrium*)이라는 크기가 100분의 1밀리미터에 불과한 조류(藻類)이다. 2009년 쓰쿠바 대학교의 와타나베 마코토 교수가 오키나와의 바다에서 발견했다. 이것은 각종 탄소화합물을 먹고, 스콸렌(squalene)이라는 물질을 만드는 성질을 가지고 있다. 스콸렌은 탄소 30개를 가지고 있는 탄소화합물로 석유로부터 얻는 중유(重油)와 본질적으로 동일하다.

오란티오키트리움의 엄청난 능력은 그 증식 속도에 있다. 적절한 환경에 놓인다면, 4시간 만에 두 배로 늘어나면서, 스콸렌을 생산한다. 하수 등의 유기물에서 오란티오키트리움을 키우면, 1헥타르당 1만 톤의 기름을 생산할 가능성이 있다고 한다. 광합성을 행하는 다른 조류와 조합시키면, 대기 중의 이산화탄소를 기름으로 바꾸는 기술을 얻게 된다.

일본의 휴경지의 5퍼센트에 해당하는 2만 헥타르를 오란티오키트리움 생산에 전용한다면, 일본의 연간 석유 소비량을 공급할 수 있다는 계산이 나온다. 물론 이 계산은 완전히 이상적으로 진행되었을 경우의 수치이다.

탄소를 대기로부터 추출하는 것은 이후 인류가 존속하기 위해서 반드시 필요한 기술이다. 오란티오키트리움은 그런 꿈의 실현을 향해서 지금 우리에게 가장 가까이에 존재하는 생물체이다. 한시라도 빨리 실용화를 위해서 충분한 자원이 투입되어야 할 것이다.

지속 가능한 지구를 향해서

이 책에서 필자는 인류와 탄소의 오랜 관계에 대해서 설명해왔다. 이때까지 인류가 쌓아온 문명에는 막다른 골목이 나타나고 있다. 각종 자원은 점차 부족해지고 이대로 인구 증가가 계속되면, 언젠가는 파탄을 피할 수 없다. 적어도 현재의 선진국과 같은 생활방식으로 70억의 인간이 이 지구에서 살아가는 것은 아무리 노력해도 불가능하다.

21세기의 인류는 경착륙—고대 중국과 같이 전란이 반복되면서 인구가 격감한 것과 같은—을 피해서 가능한 한 완만하게 지구와 인간의 균형점에 도달하려는 노력을 해야만 한다.

일본에서는 원전 사고 이후 "에너지를 낭비하는 생활방식을 중지하고 에도 시대의 생활로 돌아가야 한다"는 논의가 적지 않았다. 그러나 기술과 사회를 옛날로 되돌리는 것은 불가능하다. 단순한 이야기이지만, 19세기의 기술로 부양할 수 있는 인구는 20억 정도에 지나지 않았으므로 에도 시대로 돌아간다는 것은 70억 인구 중에 50억 인간에게는 죽으라고 말하는 것이나 다름없다. 물론 과거로부터 배울 것은 많지만, 돌아가는 것은 의미가 없다. 길은 앞으로만 뚫을 수 있다.

여기에는 마법의 지팡이처럼, 모든 것을 한순간에 해결하는 해답은 있을 수 없다. 에너지 절약, 식료품 생산의 개선, 안전하고 충분한 자원의 개발, 도시와 교통 시스템의 재구축 그리고 물론 우리의 의식개혁 등 모든 분야에 걸친 노력이 필요하다. 가능한 것은 모두 행하고, 전 인류가 나서서 총력전을 펴지 않으면 안 된다. 그중에서도 에너지 확보와 탄소 순환경로의 확립은 가장 중요한 부분이라고 할 수 있다.

인류는 탄소에 의해서 태어났으며, 역사는 탄소화합물과 함께 움직여왔다. 지금 우리의 미래를 뒷받침하고, 앞길을 개척하는 것은 탄소 관리 기술임이 분명하다. 인류의 내일을 위해서 탄소라는 작고 평범하며, 그럼에도 불구하고 불가사의한 힘을 간직하고 있는 원소에 주목해야 할 것이다.

후기

이 책은 탄소화합물과 역사와의 관계를 쓴 것이다. 나는 대학과 대학원에서 유기화학을 전공한 뒤에 제약회사에서 10여 년 동안 연구원으로 근무했다. 원자와 분자 같은 것은 나의 연구영역이었지만, 과학사와 세계사에 관해서는 학문적 전문교육을 받은 적이 없다. 따라서 인류의 역사에 관해서나 "문명론" 등을 주제로 하는 책을 쓸 수 있는 처지가 되지 못하는 것은 누구보다 나 자신이 잘 알고 있다.

그럼에도 불구하고 내가 이 책을 쓴 것은 한편으로는 화학에 대한 관심이 낮은 현실을 다소라도 개선하고 싶었기 때문이다. 서점에서도 화학 관련 대중 서적은 극히 찾아보기 어렵다. 천체물리학, 양자역학, 수학, 뇌과학, 생물학 등은 화제를 불러일으킬 만한 책을 상당수 찾아볼 수 있다. 그러나 우리의 실생활에 가장 가까운 분야인 화학에 관한 책이 베스트셀러가 된 일은 거의 전무하지 않을까?

화학이 인기가 없는 것은 서점의 서가에서만이 아니다. 대학에서도 화학과는 취업률이 가장 좋은 학과 중의 하나임에도 불구하고 지원자 수는 때로는 물리학이나 생물학에 미치지 못한다. 세계 화학의 총본산이라고 할 수 있는 미국 화학회조차 이미지 쇄신을 위해서 "분자과학 공학회"라고 개명하려는 움직임을 보였을 정도로 화학이 인기가 없는 것은 일본만의 현상은 아니다.

그러나 한편에서는 현대 세계에서 화학의 중요성이 날로 높아지고 있다. 이것은 결코 화학 전공자로서 팔이 안으로 굽혀져서 하는 말이 아니다. 이제 인류는 인구 폭발, 빈곤, 기후 변화, 자원 및 에너지 확보, 식료품의 증산, 각종 오염물질의 삭감, 암과 치매, 새로운 전염병에 대한 대책 등과 같은 많은 문제들에 직면하고 있다. 이 문제들을 해결하지 않고서는 인류는 22세기의 새벽을 맞이할 수 없다.

그리고 이런 문제들 중에서 화학과 깊은 관계를 가지지 않는 것이 없다. 에너지원과 비료, 의약품을 위한 화합물을 만드는 것도, 오염물질과 과잉된 이산화탄소를 줄이는 데에 필요한 것을 만드는 것도 화학 말고는 실현할 수 없다. 화학이 지금까지 세계에 존재하지 않았던 물질을 창출할 수 있다는, 현저한 특색을 가진 학문 분야라는 것을 생각하면 그것은 당연하다고 할 수 있을 것이다.

그중에서도 가장 풍부한 가능성을 가진 "탄소"야말로 그 열쇠가 될 수 있는 존재라는 것을 이 책의 본문에서도 여러 번 이야기했다.

그런데 최근에 "저탄소 사회", "탈탄소" 같은 말이 상징하는 것처럼 웬일인지 탄소는 훼방꾼, 악마처럼 취급되고 있다. 그러나 탄소야말로 생명과 문명의 핵심이며, 현재보다도 훨씬 더 주목의 대상이 되어야 할 것이다. 이 책을 쓸 수 있는 에너지는 그런 생각에서 비롯되었다.

이 책에 대한 구상이 나 한 사람만의 머리에서 나온 것은 아니다. 2009년부터 3년 동안 나는 도쿄 대학교에 적을 두고 나카무라 에이치 교수를 리더로 하는 학제간 연구 프로젝트 구축작업에 참여했다. 여기에서 화학, 공학, 식물학, 생명과학, 경제학 등의 폭넓은 분야의

지도적 연구자들의 의견을 접할 수 있었던 것이 이 책의 구상에 중요한 토대가 되었다.

그리고 나는 일본 화학회가 2012년에 한데 힘을 모은 "30년 후 화학의 꿈의 로드맵"의 편집에도 참여했다. 그것은 30년 후에 어떤 연구가 이루어지고, 어떤 내용이 실현되어 어떻게 사회에 공헌할 것인가—각 분야의 정예에 의한 미래 예측을 정리하여 화학계의 나침반으로 삼으려는 기획이었다. 지금 확실하게 학문의 최전선에 선 연구자들이 가지고 있는 문제의식에 직접 접촉한 것은 특히 이 책의 후반부에 큰 영향을 주었다. 관계 연구자들에게 감사의 뜻을 전한다.

길을 잃고 헤맬 때에는 우선 자신의 현재 위치를 확인하는 것, 그리고 이전에 왔던 길이 어느 것인지를 정확하게 파악하는 것이 가장 중요하다. 역사를 배우는 의미 중 하나도, 미래를 준비할 때, 정확하게 전망하기 위해서 과거 인류의 체험을 되돌아보는 데에 있다. "탄소의 세기"라고 하는, 21세기가 시작된 지 벌써 십수 년이 지났다. 나는 탄소의 역사를 되돌아보는 의의가 충분히 있다고 생각한다.

물론 나는 인류의 역사를 올바로 분석하고 우리가 가야 할 길을 제시할 수 있는 능력은 모자란다. 그러나 탄소와 세계사와의 관계를 내 나름으로 제시하여 사람들의 관심을 환기하고, 보다 나은 길을 찾는 데에 도움을 줄 수 있는 정도는 되지 않을까 하고 용기를 내어 집필한 것이 이 책이다. 이 책이 탄소라는 눈에 보이지 않을 정도로 작고, 놀라울 만큼 우리에게 가까이 있는 이 슈퍼스타의 민낯에 우리가 주목할 수 있는 계기가 된다면, 나로서는 큰 기쁨이 될 것이다.

주요 참고 문헌

전체

『銃・病原菌・鉄』(上・下) ジャレド・ダイアモンド, 草思社.

『スパイス, 爆薬, 医薬品』ジェイ・バーレサン, ペニー・ルクーター, 中央
　公論新社.

『文明はなぜ崩壊するのか』レベッカ コスタ, 原書房.

『一目でポイントがわかる!科学で見る!世界史』篠田謙一 他, 学研.

『人類が知っていることすべての短い歴史』, ビル ブライソン, NHK出版.

『ヴォート生化学』(上・下), ドナルド ヴォート 他, 東京化学同人.

서론

『化学物語25講』芝哲夫, 化学同人.

『麻薬とは何か「禁断の果実」五千年史』佐藤哲彦 他, 新潮社.

『阿片の中国史』譚璐美, 新潮社.

『新化学読本 化ける, 変わるを学ぶ』山崎幹夫, 白日社.

제1장

『気候文明史』田家康, 日本経済新聞出版社.

『ジャガイモの世界史 歴史を動かした「貧者のパン」』伊藤章治, 中央公
　論新社.

『日本の米 環境と文化はかく作られた』富山和子, 中央公論新社.

『パンドラの種』スペンサー・ウェルズ, 化学同人.

『食の終焉』ポール・ロバーツ, ダイヤモンド社.

『食の世界地図』21世紀研究会 編, 文藝春秋.

『知っておきたい「食」の世界史』宮崎正勝, 角川学芸出版.

『食文化入門』石毛直道 編, 講談社.

제2장

『シュガーロード』明坂英二, 長崎新聞社.

『砂糖のイスラーム生活史』佐藤次高, 岩波書店.

『砂糖の世界史』川北稔, 岩波書店.

『砂糖の歴史』エリザベス アボット, 河出書房新社.

제3장

『図解 食の歴史』高平鳴海, 新紀元社.

『美食の歴史2000年』パトリス ジェリネ, 原書房.

『スパイスの人類史』アンドリュー ドルビー, 原書房.

『スパイスなんでも小事典』日本香辛料研究会, 講談社.

『文明を変えた植物たち コロンブスが遺した種子』酒井伸雄, NHK出版.

『海の都の物語』塩野七生, 新潮社.

『疫病と世界史』ウィリアム・H. マクニール, 中央公論新社.

제4장

『化学者池田菊苗 漱石・旨味・ドイツ』広田鋼蔵, 東京化学同人.

『「うま味」を発見した男』上山明博, PHP研究所.

「One Hundred Years since the Discovery of the "Umami" Taste from Seawead
　Broth by Kikunae Ikeda, who Transcended his Time」Eiichi Nakamura,
　Chemistry-An Asian Journal Vol. 6, Issue 7, pages 1659- 1663(2001).

『うま味って何だろう』栗原堅三, 岩波書店.

『アミノ酸の科学』櫻庭雅文, 講談社.

『からだと化学物質』ジョン エムズリー, ピーター フェル, 丸善.

제5장

『タバコが語る世界史』和田光弘, 山川出版社.

『たばこの「謎」を解く』コネスール, スタジオダンク.

『脳学』石浦章一, 講談社サイエンティフィック.

『遺伝子が明かす脳と心のからくり』石浦章一, 羊土社.

제6장

『カフェイン大全』ベネット・アラン ワインバーグ 他, 八坂書房.

『世界を変えた6つの飲み物』トム・スタンデージ, インターシフト.

『チョコレートの世界史』武田尚子, 中央公論新社.

『茶 利休と今をつなぐ』千宗屋, 新潮社.

『茶の文化史 喫茶のはじまりから煎茶へ』小川後楽, NHK出版.

제7장

『徹底図解 痛風 激痛発作を防いで治す』西岡久寿樹, 法研.

『メディチ家』森田義之, 講談社.

『システィーナのミケランジェロ』青木昭, 小学館.

『蒙古襲来 転換する社会』網野善彦, 小学館.

제8장

『知っておきたい「酒」の世界史』宮崎正勝, 角川学芸出版.

『日本酒』秋山裕一, 岩波書店.

『酒の話』小泉武夫, 講談社.

『居酒屋の世界史』下田淳, 講談社.

『逆説・化学物質 あなたの常識に挑戦する』ジョン エムズリー, 丸善

『禁酒法「酒のない社会」の実験』岡本勝, 講談社.

『バイオ燃料 畑でつくるエネルギ』天笠啓祐, コモンズ.

제9장

『飛び道具の人類史』アルフレッド・W. クロスビー, 紀伊國屋書店.

『ユナボマー 爆弾魔の狂気ーFBI史上最長十八年間, 全米を恐怖に陥れた
　　男』タイム誌編集記者, KKベストセラーズ.

『コンスタンティノープルの陥落』塩野七生, 新潮社.

『アルフレッド・ノーベル伝ーゾフィーへの218通の手紙から』　ケンネ
　　ファント, 新評論.

『日本海海戦かく勝てり』, 半藤一利, 戸髙一成, PHP研究所.

제10장

『大気を変える錬金術』トーマス・ヘイガー, みすず書房.

『毒ガス開発の父ハーバー 愛国心を裏切られた科学者』宮田親平, 朝日新聞社.

日経サイエンス2010年5月号「もうひとつの地球環境問題活性窒素」 A・R・タウンゼンド, R・W・ハウワース.

제11장

『石油の歴史 ロックフェラーから湾岸戦争後の世界まで』エティエンヌ ダルモン, 白水社.

『世界エネルギー市場ー石油・天然ガス・電気・原子力・新エネルギー・地球環境をめぐる21世紀の経済戦争』ジャン=マリー シュヴァリエ, 作品社.

『シェールガス革命とは何か』伊原賢, 東洋経済新報社.

결론

『地球温暖化バッシング』レイモンド・S・ブラッドレー, 化学同人.

『創薬科学入門』佐藤健太郎, オーム社.

『サンゴとサンゴ礁のはなし 南の海のふしぎな生態系』本川達雄, 中央公論新社.

『興亡の世界史 20 人類はどこへ行くのか』福井憲彦 他, 講談社.

* 이 책에 나온 화학식, 구조식 등의 도판은 모두 저자가 무료 소프트웨어를 사용하여 제작한 것이다.

역자 후기

"지표상에서 중량비로는 0.08퍼센트에 불과하고, 세상에서 6번째로 가벼운 원소인 탄소의 화학적 다양성은 놀라운 수준이다. 지금까지 화학적으로 확인되어 미국화학회의 CAS에 등록된 7,000만 종이 넘는 화합물 중 절대다수가 탄소의 화합물이다. 화학적 구조와 서열이 분명하게 밝혀진 단백질과 DNA의 수도 6,000만 종이 넘는다. 탄소의 놀라운 화학적 다양성은 탄소 원자핵의 안정성과 크기, 그리고 탄소를 구성하는 6개 전자의 독특한 양자화학적 특성에서 비롯된다."

"그런 탄소가 우주 공간에 지천으로 널려 있는 것은 아니다. 태양보다 큰 별이 수명을 다하고 죽어가는 과정에서 일어나는 초신성(supernova) 폭발에서 만들어진 탄소는 태양 질량의 0.29퍼센트에 불과하다. 지구에서도 탄소는 12번째로 흔한 원소일 뿐이다. 그러나 생명체의 경우에는 사정이 다르다. 우리 몸의 18퍼센트가 탄소이다. 우리 몸무게의 70퍼센트를 차지하는 물을 구성하는 산소를 빼고 나면 탄소가 압도적으로 많은 양을 차지한다. 우리 몸을 구성하는 100조 개의 세포가 모두 탄소의 화합물로 만들어진다. 우리 몸에서 일어나는 생리작용을 가능하게 만들어주는 효소(단백질)도 탄소의 화합물이다. 우리가 살아 움직이기 위해 필요한 생리적 에너지를 공급해주는 탄수화물이나 지방도 예외가 아니다. 심지어 생명의 연속성에 꼭 필요한 유전정보를 담고 있는 DNA와 유전정보를 이용해서 단백질을 합성하는 과정에서 핵심적인 역할을 하는 RNA도 탄소화합물이다. 그래서 탄소화합물을 생명을 가진 유기체의 전유물이라는 뜻에서 '유기물(有機物)'이라고 부르기도 했다. 1828년 독일 화학자 프리드리히 뵐러가 화학적인 방법으로 요소(尿素)를 합성하는 일에 성공하면서 생명에 대한 화학적 연구가 본격적으로 시작되었다."

청동기 시대는 '숯'이, 철기 시대는 철을 녹일 수 있는 '석탄'이, 20세기와 현대 문명은 '석유'가 등장함으로써 가능해졌다. 탄소가 생산하는 에너지가 인류 문명 발전의 원동력이었던 것이다. 전기와 고분자는 물론이고 첨단 나노 소재도 대부분 석유를 기반으로 생산되는 탄소 소재들이다. 한마디로 탄소는 인류 문명의 뿌리이다.

이와 같이 생명 현상, 물질 생산, 에너지 사용 등 온갖 장소에서 그리고 문명의 역사에서 '주인공' 역할을 하는 탄소가 에너지 자원의 무분별한 소비와 낭비에 의한 오염과 기후 변화의 '주범'으로 낙인찍힘으로써 이제 탄소는 '두 얼굴'의 원소가 되었다. 심지어 탈(脫)탄소 사회가 회자되고 그런 사회를 목표로 정책이 입안되고 사회운동이 일어나는 현재에서는 탄소의 두 얼굴 중 부정적인 얼굴이 우리를 압박하고 있다.

그러나 "탄소는 우리가 거부해야 할 악(惡)이 아니라 적극적으로 수용해야 할 선(善)으로 규정할 수밖에 없다. '탄소의 과학'인 화학을 포함한 현대 과학과 기술이 인간의 정체성 확인과 문명 발전의 견인차 역할을 해왔고, 앞으로도 그런 형편은 변하지 않을 것이라는 사실도 분명하게 인정해야만 한다. 현대 과학이 인간의 문제를 고민하는 인문, 사회, 문화, 예술과의 적극적인 융합을 위해 노력해야 하는 것도 그런 이유 때문이다."

"그런 뜻에서 현대의 과학기술 문명을 '탄소 문명'이라고 부르고, 인류의 지속적인 생존과 번영을 위한 새로운 '탄소 문화'의 창달을 우리에게 주어진 막중한 시대적 당위(當爲)라고 할 것이다. 특히 현대 과학과 기술의 가치와 성과를 분명하게 평가하고, 적극적으로 수용하는 친(親)탄소적이고, 친(親)과학적인 자세가 무엇보다 중요하다. 탄소가 인간의 존재와 인류 문명을 가능하게 만들어주는 가장 현실적인 기반이라는 사실도 절대 잊지 말아야 한다." 따라서 탄소를 어떻게 이용하는가에 따라서 인류의 미래 또한 절대적으로 결정될 것이기 때문에 21세기는 '탄소의 세기'가 될 수밖에 없다.

번역 원고를 철저하게 읽고 귀중한 조언을 주신 것은 물론이고, 자신의 에세이 "더욱 화려한 탄소 문화의 시대를 열어야"에서 "역자 후기"의 인용 부분을 대폭적으로 전재할 수 있도록 허락해주신 대한화학회 탄소문화원 원장 이덕환 교수님께 깊은 감사를 드린다.

2015년 2월 12일

역자

인명 색인